BIBLIOTHÈQUE
IMPR.

COUP D'ŒIL

SUR

LES RICHESSES MÉTALLURGIQUES

DU

MEXIQUE

5612

V

Metz. — F. Blanc, imprimeur de l'Académie impériale. — 1868.

COUP D'ŒIL

SUR

LES RICHESSES MÉTALLURGIQUES

DU

MEXIQUE

PAR

A. VIGNOTTI

CHEF D'ESCADRON AU 8e RÉGIMENT D'ARTILLERIE - MONTÉ,
CHEVALIER DE LA LÉGION D'HONNEUR,
DES ORDRES DES SAINTS MAURICE ET LAZARE, D'ITALIE,
DE LA TOUR ET L'ÉPÉE, DE PORTUGAL;
OFFICIER DE SAINTE ANNE, DE RUSSIE, ET DE N. D. DE GUADALUPE, DU MEXIQUE,
MEMBRE TITULAIRE DE L'ACADÉMIE IMPÉRIALE DE METZ.

(Lecture faite à l'Académie impériale de Metz le 16 avril 1868.)

PARIS

GAUTHIER-VILLARS, SUCCESSEUR DE MALLET-BACHELIER,

Imprimeur-libraire du Bureau des longitudes,
de l'École polytechnique, etc.,

55, QUAI DES GRANDS-AUGUSTINS, 55.

1868.

COUP D'ŒIL

SUR

LES RICHESSES MÉTALLURGIQUES

DU

MEXIQUE

> Publica utilitas metalli inventione continetur.
>
> *(Codex Theodosianus, de Metallariis.)*

L'Académie ne peut se méprendre sur les motifs qui m'ont engagé à aborder devant elle un sujet aussi vaste et aussi plein de difficultés : elle comprendra que mon insuffisance n'a pas la prétention de lui présenter ici un ouvrage didactique.

Elle a déjà accueilli avec bienveillance, il y a quelques années, le travail que j'ai eu l'honneur de lui soumettre, après la mémorable campagne d'Italie de 1859, sur les irrigations du Piémont et de la Lombardie [1] : je ne pouvais l'oublier.

Appelé à aller rejoindre, à la fin de 1863, le corps expéditionnaire du Mexique, et à séjourner ensuite plus de trois années entières dans ce pays où les sujets d'étude se présentaient à chaque pas en si grande abondance, il m'était impossible de ne pas être vivement frappé de l'immensité des richesses métallurgiques déposées par la nature dans

[1] *Mémoires de l'Académie impériale de Metz*, XLIe année. 1859-1860.

presque toute l'immense étendue de cette partie si intéressante du nouveau monde.

J'ai mis tous mes soins à recueillir, dès mon arrivée, des renseignements précis, officiels, pour ainsi dire, sur les exploitations minières en pleine prospérité, en souffrance ou entièrement délaissées, dans le voisinage desquelles il m'a été donné de m'arrêter quelque temps; j'ai fait tous mes efforts pour collectionner un peu partout de nombreux échantillons des divers minerais traités dans chacune d'elles, de manière à pouvoir rendre compte des précieuses ressources qu'elles offraient autrefois ou qu'elles offrent encore de nos jours, d'une manière exacte, pratique, *utile,* plutôt qu'à un point de vue purement scientifique.

Malgré la quantité considérable de documents qui m'ont été fournis sur les lieux mêmes, ou qui m'ont été communiqués par les autorités mexicaines, avec lesquelles je m'honore d'avoir eu constamment les meilleures relations, l'Académie aura à me pardonner d'importantes lacunes et de grandes omissions, puisque plusieurs provinces, et des plus riches sans aucun doute, ont échappé, par la force des circonstances, à mes recherches personnelles.

Un peu plus tard, bientôt peut-être, il me sera donné, je l'espère, d'entretenir l'Académie de cette autre source d'incalculables richesses que le Mexique possède dans son agriculture, si prodigieusement productive [1], quoique si peu avancée encore.

[1] Tout en réservant entièrement cette question, nous pouvons donner au moins une première idée des richesses agricoles du Mexique, en indiquant sommairement à combien s'y élève, bon an mal an, le produit de la dîme, dans une seule province.

Le *diezmo* (la dîme) est un droit de 10 % sur les revenus que le clergé y perçoit encore de nos jours.

Comme il n'est pas possible d'exercer un contrôle efficace sur la valeur réelle des récoltes, le payement de la dîme est, pour les Mexicains, *une affaire de conscience :* les riches par-

Je m'estimerais trop heureux si, après avoir montré combien ces éléments divers de prospérité se sont progressivement développés partout où la bienfaisante influence

ticuliers ont, en général, un abonnement annuel librement consenti, avec les *diezmeros*, employés chargés de faire rentrer les fonds ou les denrées, car la dîme est très-souvent payée en nature, ce qui, soit dit en passant, a le grave inconvénient de transformer, dans les années de disette, les *diezmeros* trop zélés en véritables accapareurs.

Sur les produits de cette dîme on prélève les dépenses du culte, qui, à Guadalajara, ne se montaient pas à moins de 7 à 8 mille piastres par mois pour la cathédrale seule; c'est aussi de ces ressources que vivent les prêtres pauvres du bas clergé, quand leur casuel ne leur suffit pas, malgré le prix énorme qu'ils exigent pour la célébration des différents actes religieux de la vie (un mariage, par exemple, coûte aux Indiens 60 piastres, plus de 300 francs).

Le reste de la dîme est partagé, dans une proportion déterminée d'avance, entre les chanoines et l'archevêque.

Nous avons pu constater, sur les livres mêmes des recettes du *diezmo*, à Guadalajara, que ce droit a donné jusqu'à 480000 piastres par an (2500000 francs), et qu'il est rarement descendu au-dessous de 360000 piastres (1850000 francs).

Dans les six premiers mois de 1864, il n'avait encore produit cependant que 61700 piastres (320800 francs) sur lesquelles l'archevêque avait reçu pour sa part 15358 piastres, tout près de 80000 francs.

Ce n'est point ici que nous pourrions nous permettre d'examiner d'ailleurs à quoi doit tenir cette diminution du produit de la dîme, pendant ces dernières années.

Dans tous les cas, nous sommes en droit de conclure de ce qui précède, que M. Lerdo de Tejeda n'a probablement rien exagéré quand il a estimé, en 1855, que les biens du clergé s'élevaient à une somme de 250000000 de piastres (1300000000 de francs), et que leur revenu de chaque année, dîme comprise, était de plus de 20000000 de piastres (100000000 de francs).

Nous verrons plus loin que cette somme représente aussi, d'une manière approchée, le rendement annuel, en or et en argent, de toutes les mines du Mexique réunies.

de l'occupation française a pu s'exercer, au Mexique, je parvenais à faire naître ou à confirmer dans l'esprit de mes auditeurs la pensée, qu'en dehors de toutes préoccupations politiques, c'était, en effet, pour la civilisation européenne une noble, féconde et providentielle mission que d'aller présider au développement pacifique d'une nation si admirablement dotée, et si éloignée, pour longtemps encore peut-être, de fournir à la grande famille humaine, dont les besoins augmentent sans cesse, tout ce que celle-ci aurait le droit d'en attendre et d'en exiger.

NOTIONS HISTORIQUES ET STATISTIQUES.

En lisant dans la correspondance de Fernand Cortez avec Charles V, l'énumération des trésors que possédait, en 1522, l'empereur Montezuma ; en consultant les écrits des auteurs contemporains, où l'on ne trouve aucune description des procédés métallurgiques employés par les Aztèques, on est tout naturellement amené à penser que ce peuple, si intelligent et si doux, de la civilisation duquel il est resté de si brillantes traces sur le territoire mexicain, n'avait guère fait autre chose que recueillir l'or et l'argent abondamment répandus à la surface même du sol : le lavage des terres et des sables aurifères, la calcination simple de quelques minerais d'argent semblent avoir constitué, à peu de chose près, toute sa science métallurgique [1].

Il est hors de doute cependant que le cuivre, l'étain étaient

[1] Des écrits très-anciens, un rapport au vice-roi de Mexico, imprimé en 1643, un mémoire publié à Madrid, en 1646, parlent des mines de Pachuca et de leur exploitation par les Aztèques, au moyen du feu : les Espagnols qui fondèrent tout près de là Pachuquilla, le premier village chrétien du Mexique, assure-t-on, avaient rencontré dans les environs d'assez nombreuses excavations de peu de profondeur, ne présentant pas de traces de l'emploi d'outils de mineurs.

employés en alliage, au Mexique, bien avant la conquête, pour la fabrication d'armes et d'instruments tranchants, concurremment avec l'obsidienne [1], fournie si abondamment aux indigènes par la fameuse montagne de *las Navajas* (des couteaux) [2] : on a trouvé, en effet, dans les célèbres ruines de Mitla [3], près de Oajaca, beaucoup de ces objets en véritable bronze. L'histoire nous apprend aussi que le cuivre et l'étain entraient, à la même époque, dans la composition d'une petite monnaie de la province de Tasco. Fernand Cortez, à l'inspection de ces pièces, conçut le désir de se procurer les deux métaux qui y entraient, en assez grande quantité, pour en faire fondre des canons ; il envoya à Tasco un détachement d'Espagnols, qui paraît ainsi y avoir exploité les mines de cuivre, avant d'y entreprendre bientôt après l'extraction de l'argent [4].

[1] L'obsidienne de la montagne de *las Navajas* (lave vitreuse obsidienne de Humboldt) est composée de :

Silice	78
Alumine........	10
Potasse	6
Soude..........	1,6
Chaux	1
Oxyde de fer....	1

[2] Près de Real del Monte et Pachuca, département de Mexico.

[3] Mitla, à dix lieues de Oajaca, était le lieu réservé pour la sépulture des rois de Teozapotlan.

Cette ville renfermait des temples, des palais et un collége de *Teopijqui* (ministres de Dieu).

On y voit aujourd'hui les ruines de quatre de ces palais ou tombeaux (*teocalis,* maisons de Dieu, en langue zapotèque).

[4] On montre encore, à trois lieues environ de Toluca vieux, ces premières mines d'argent travaillées par les Espagnols, à ciel ouvert : on les nomme *minas viejas* (mines vieilles), ou mines de Babylone. Ce dernier nom leur aurait été donné par suite du désordre que présentent ces travaux auxquels l'art n'avait certes pas eu de part, et dont la plupart ont été bientôt bouleversés par de nombreux éboulements.

Il faut ajouter que l'étain pouvait s'obtenir très-probablement alors par des lavages, comme cela se pratique encore aujourd'hui en différents points des Cordillières, près de Guanajuato, par exemple; que les minerais de cuivre mis en œuvre dans les premiers temps par les Espagnols, au moyen des procédés élémentaires du traitement par le feu emprunté aux Indiens, étaient des oxydes ou des carbonates de cuivre dont le métal pouvait être très-facilement séparé; et que, par suite, l'emploi habituel que faisaient les Aztèques du cuivre et de l'étain, ne prouve nullement qu'ils fussent déjà métallurgistes éclairés.

A l'appui de cette opinion, nous pouvons reproduire deux observations qui semblent très-judicieuses [1].

La première, c'est qu'on ne trouve dans la langue technique des mineurs, au Mexique, aucun mot qui dérive des idiomes anciens de ce pays; que toutes ou presque toutes les locutions spéciales sont espagnoles, tandis qu'en agriculture et dans l'industrie même il est resté une multitude de mots indiens qui font différer sensiblement l'espagnol mexicain de celui qu'on parle, en Europe, de l'autre côté des Pyrénées.

La seconde, c'est que l'or, bien plus facile à obtenir que l'argent, se trouvait en bien plus grande proportion que celui-ci dans les trésors des rois aztèques. Cortez écrit à Charles V pour lui annoncer pompeusement qu'il a fait transformer, par les naturels du pays, en vaisselle plate, de grandes et de petites dimensions, en tasses, en cuillères, etc., la cinquième partie, le *quinto*, du riche butin dont il s'est rendu maître [2]. Ce butin n'est pas moindre que 2600

[1] Saint-Clair Duport. *De la production des métaux précieux au Mexique, considérée dans ses rapports avec la géologie, la métallurgie et l'économie politique.*

[2] Cupieron asimismo a V. A. del *quinto* de la plata que se hubo ciento y tantos marcos, los cuales hice labrar a los naturales de platos grandes y pequenos, y escudillas, y tazas, y cucharas, etc.

marcs [1], environ 600 kilogrammes : et l'or y entre dans le rapport de 21 à 5, rapport qui diffère énormément de celui qui a existé plus tard entre les quantités obtenues de chacun de ces deux métaux, quand les Espagnols se sont mis à entreprendre en grand l'exploitation des mines du Mexique [2], et qui est bien plus considérable encore que celui qu'on observe de nos jours [3], comme on le verra plus loin.

N'est-il pas bien connu d'ailleurs, que les Aztèques, pour leurs transactions commerciales ou pour payer les tributs qui leur étaient imposés, apportaient ordinairement l'or, sous forme de grains ou de pépites naturelles, enfermé dans des tuyaux transparents de plumes d'oiseaux ? Et n'est-ce pas la preuve la plus certaine que, cet or, ils n'avaient pris d'autre soin que de le laver des dépôts terreux auxquels il se trouvait mêlé ?

Aujourd'hui encore, du reste, les choses se passent tout à fait de la même manière. Pour n'en rapporter qu'un exemple, bien à notre connaissance, pendant que des compagnies mexicaines exploitent, près de San-Luis-Potosi, au *cerro de San-Pedro* (montagne de Saint-Pierre), les

Les mines, en Espagne, appartenaient à la Couronne et ne pouvaient être exploitées qu'en vertu d'une autorisation spéciale, laquelle déterminait la part des revenus qui devait être versée dans les caisses de l'État.

En 1504, une ordonnance royale fixa ce droit à la cinquième partie (en espagnol, *la quinta parte*) des bénéfices réalisés : on lui donna à cause de cela le nom de *quinto*. Le butin recueilli par Cortez et sa petite armée se trouvait soumis à cet impôt extraordinaire.

[1] Le marc ou demi-livre mexicaine pèse 0k,230 : la livre est par conséquent de 0k,460, et le quintal de 46 kilogrammes.

[2] Avant 1800, le rapport entre la production de l'or et celle de l'argent est de 9.5 à 210 environ.

[3] Pour les sept années, de 1859 à 1865, ce même rapport est à peu près de 11.2 à 220.

mines de *San-Jorge* (Saint-Georges), *del sñor del buen suceso* (du Seigneur de l'heureuse réussite)..., dans lesquelles l'or ne s'obtient que par l'application de procédés mécaniques coûteux, et par l'amalgamation, plus coûteuse encore, de nombreuses familles indiennes, vivent sur les pentes inférieures et y ramassent, sans beaucoup de peine, le précieux métal qu'elles viennent apporter toutes les semaines à la ville [1].

Il en est de même pour l'argent : les montagnards du Mexique ont bien réellement conservé la tradition du traitement par le feu de certains minerais de ce métal. Nous possédons plusieurs échantillons provenant de différentes localités, notamment d'Hostotipaquillo [2], de ces minerais calcinés par les Indiens, et à la surface desquels l'argent apparaît en larges plaques brillantes, à l'état métallique.

La tradition, du reste, s'il faut l'en croire, nous ferait admettre que Dieu lui-même a voulu indiquer aux populations les plus pauvres et les plus malheureuses, ce moyen si simple de tirer au moins quelque parti des richesses répandues avec une telle profusion sur le sol qu'elles foulent avec une superbe insouciance.

Pourquoi une légende, une seule entre mille, ne trouverait-elle pas ici sa place? Est-il rien qui se prête davantage au merveilleux que la découverte miraculeuse de ces immenses trésors enfouis dans la terre, découverte que chacun attribue, suivant sa croyance ou sa foi, au

[1] Nous croyons devoir faire remarquer en passant que tout l'or, tout l'argent recueillis de cette façon, en contrebande pour ainsi dire, qui n'acquittent pas de droits et ne sont pas portés aux hôtels des monnaies, ne seront nécessairement pas compris dans l'évaluation que nous ferons bientôt de la production annuelle des métaux précieux au Mexique.

On estime que cette contrebande ne s'élève pas à moins de 2 millions et demi de francs par année.

[2] Hostotipaquillo, au delà de Tequila, département de Guadalajara.

hasard ou à la protection divine, et à laquelle nous savons aujourd'hui que les sciences d'observation peuvent et doivent contribuer pour une si large part.

Cette légende est relative aux mines *de Plateros* (mineurs d'argent), située à une lieue environ de Fresnillo, dans le département de Zacatecas.

Chassée par la famine vers les plaines de Durango, une famille indienne des environs de la capitale [1] émigrait [2], emportant religieusement dans une petite caisse un christ en croix pour lequel elle avait une vénération particulière.

Assaillie, près de Fresnillo, par une violente tempête, comme il y en a si fréquemment au Mexique pendant la saison des pluies, elle se réfugia, pour y passer la nuit, dans une de ces cabanes en terre, couvertes en feuilles d'aloès, que les Indiens abandonnent avec autant de facilité qu'ils les construisent. Bientôt, l'orage s'éloignant, les pauvres voyageurs purent quitter leur bien insuffisant abri; ils allumèrent un grand feu pour sécher leurs hardes et pour se réchauffer.

Après avoir dévoré leurs dernières tortilles [3] et leurs

[1] On a conservé au Mexique le nom de *capitales* à chacune des villes qui ont été capitales d'États ou de provinces: on nomme souvent ainsi, aujourd'hui encore, les chefs-lieux des nouveaux départements.

[2] Il n'était pas rare, il y a peu d'années, de voir l'émigration se faire, sur une assez grande échelle, d'une portion à l'autre du territoire mexicain, pour peu que la précieuse récolte du maïs, par exemple, eût manqué dans la première et eût été abondante dans la seconde, et cela quoique les voies de communication et les moyens de transport ne fissent plus alors aussi complétement défaut qu'aux temps légendaires dont nous nous occupons.

[3] Gâteaux plats de pâte de maïs, pétris à la main par les femmes et cuits à moitié sur une plaque en terre mince, nommée *comal*.

derniers morceaux de viande séchés au soleil [1], ils s'enveloppèrent dans leurs sarapes [2] et s'assoupirent autour du foyer, laissant aux enfants le soin d'entretenir et d'activer celui-ci.

Le mari et la femme devisaient tristement sur leur affreuse situation.

— Si le bon Dieu nous envoyait au moins quelques piastres [3] ! disait le premier avec découragement.

— Rien n'est impossible à sa toute-puissance, répondit l'indienne avec chaleur.

[1] En mexicain, *cecina.*

[2] Sorte de manteau particulier aux Mexicains, portant en son milieu une fente dans laquelle ils passent leur tête et qu'ils ne quittent presque jamais.

[3] Monnaie d'argent dont la valeur est d'environ 5 *fr.* 20 *c.*

Il peut sembler extraordinaire que nous ne fixions cette valeur que par à peu près ; mais l'or et l'argent, il ne faut pas le perdre de vue, sont essentiellement, au Mexique, des objets de commerce, dont le prix varie avec une foule de circonstances, avec l'abondance plus ou moins grande de leur production, avec les besoins plus ou moins urgents de la consommation, avec la facilité ou la difficulté des communications, la sûreté des routes, l'état politique du pays, etc., de sorte que la monnaie d'or ou d'argent peut très-bien ne pas conserver toujours la valeur réelle qu'elle représentait exactement, à un moment donné.

Il en est de même, au reste, dans tous les pays du monde, pour toutes les monnaies, auxquelles il faut bien attribuer, dans de certaines limites, une valeur conventionnelle seulement, puisque celle de l'or, celle de l'argent varient de temps à autre et ne sont habituellement pas les mêmes pour deux pays voisins, à une même époque.

Au Mexique, plus que partout ailleurs peut-être, ces fluctuations des cours des métaux précieux se font sentir bien souvent et acquièrent une importance notable.

Avant 1800, la piastre valait 5 livres 10 sols dans l'Amérique espagnole : le mercure coûtait alors énormément cher.

A l'arrivée du corps expéditionnaire français devant Puebla,

— Sans doute : mais quelle espérance pouvons-nous concevoir de sortir jamais de notre misère ?

— Eh bien ! demandons à la Providence de nous venir en aide !

— Prions ! oui ! prions ! s'écria le mari, que gagnait la confiante ferveur de sa femme.

Il alla bien vite chercher la petite caisse contenant leur crucifix vénéré. Ils s'agenouillèrent ensuite tous les deux devant celui-ci, et récitèrent ensemble leurs plus touchantes prières ; puis, se rapprochant du brasier dans un silence profond, ils ne tardèrent pas à goûter le calme bienfaisant d'un sommeil réparateur.

Quand ils s'éveillèrent, le vent avait balayé les cendres du foyer éteint, et les premiers rayons du soleil se réfléchissaient devant eux sur un large et brillant miroir de pur argent.....

Ils se gardèrent bien de continuer leur voyage ; devenus bientôt riches, par l'exploitation des mines qu'ils venaient de découvrir, ils firent élever, à l'endroit même où avait eu

les piastres, les onces (pièces d'or de 16 piastres) étaient, dit-on, très-rares et donnaient lieu à des spéculations très-lucratives pour ceux qui en étaient détenteurs.

Bientôt après la valeur officielle de la piastre était fixée à 5 fr. 35 c.

Lorsqu'un peu plus tard, les exploitations des usines furent activement reprises, lorsque les convois d'argent (*conductas*) purent circuler librement vers Mexico ou vers les ports d'embarquement, sous la protection parfaitement désintéressée de nos colonnes, la piastre baissa très-sensiblement de prix. Elle fut, jusqu'à la fin, cotée officiellement 5 fr. 20 c. ; mais le trésor français en a souvent acheté de grandes quantités à 5 francs, 4 fr. 80 c. et même au-dessous.

On sait combien les piastres mexicaines sont estimées dans certaines parties de l'Asie, notamment en Chine, où elles atteignent une valeur toute conventionnelle, sans doute, qui dépasse souvent 7 francs, à ce qu'on dit.

lieu le miracle, *al sñor de Plateros* (au Dieu des mineurs d'argent), une chapelle [1] où le crucifix du pauvre indien est encore exposé aujourd'hui à l'adoration des fidèles, dans sa petite caisse de bois.

Voilà la légende telle qu'on la raconte à ceux qui visitent les mines de Plateros, dont nous aurons occasion de reparler plus loin.

Nous n'ajouterons qu'un mot pour bien établir que, sans remonter même aux Aztèques, les naturels du Mexique n'ont employé, pendant longues années, que des procédés très-imparfaits dans le traitement des minerais d'argent; et c'est que de nos jours, par suite des progrès réalisés dans cette branche de la métallurgie, on trouve un bénéfice réel à reprendre quelques minerais, dédaignés autrefois comme très-pauvres et qui sont restés accumulés en assez grandes masses auprès de certaines exploitations anciennes; on en extrait de l'argent dont ils renferment encore une quantité assez notable [2] pour couvrir, et au delà, les frais d'exploitation. Cela se pratiquait, sur une plus ou moins

[1] On voit dans un coin de l'église de Plateros, au pied de l'autel, une énorme pierre, à propos de laquelle il y a aussi une légende.

Deux frères voyageaient ensemble avec une pacotille d'objets de mercerie appartenant à l'aîné dont le cadet n'était que le domestique. Celui-ci, pendant une halte, inspiré par Satan lui-même, écrasa d'un coup de cette pierre la tête de son frère profondément endormi, pour s'emparer de son âne et du chargement de celui-ci. Mais à peine eut-il commis le crime qu'il fut en proie au plus violent repentir, et pleura tant, pria avec tant de ferveur, témoigna enfin un si profond désespoir, dans l'église de Plateros, qu'il obtint de Dieu la résurrection miraculeuse de sa victime.

[2] En général, les amas de minerais rebutés, qu'on appelle *terreros,* sont d'autant plus riches que la mine elle-même donnait à l'origine une plus grande proportion d'argent. C'est ainsi qu'en Basse-Californie, dans le district de *las Virgenes* (des Vierges), on a trouvé de ces *terreros* donnant à l'essai

grande échelle, en 1866, à Charcas, à Matehuala, à Catorce même, où certainement les minerais neufs ne manquent pas; ce traitement secondaire a été également entrepris, à ce qu'on nous a assuré, en d'autres lieux, et notamment à la mine si importante de la Valenciana, près de Guanajuato, d'où nous verrons tout ce qu'on a déjà extrait de métaux précieux.

Il ne peut entrer dans notre cadre restreint de présenter ici un historique complet de ces progrès de l'art métallurgique au Mexique: ils ressortiront d'ailleurs tout naturellement et en grande partie de ce qui va suivre.

Nous signalerons seulement en passant l'état d'abandon presque absolu dans lequel les travaux des mines se trouvèrent pendant la guerre de l'Indépendance, dont le signal fut donné, dans la nuit du 15 septembre 1810, par Hidalgo, l'intrépide curé de Dolorès.

Tant que le Mexique avait été placé sous la domination espagnole, les étrangers étaient exclus de droit[1], les seuls

3 marcs 6 dixièmes par *monton* de vingt quintaux, c'est-à-dire sensiblement plus que des minerais qui, dans d'autres parties du Mexique, à Charcas par exemple, font l'objet d'exploitations importantes et productives, comme nous le verrons.

[1] Reales Ordenanzas para la direccion regimen y gobierno del importante cuerpo de la mineria de Nueva. — España, y de su real tribunal general, de orden de su magestad.

Madrid, año de 1783.

Page 76. TITULO 7.

De los sugetos que pueden, o no, descubrir, denunciar y trabajar las minas.

ARTICULO 1°.

A todos los Vasallos de mis Dominios de España e Indias de cualquiera calidad y condicion que sean, les concedo las minas de toda especie de metales con las condiciones que ya van referidas, y las que en adelante se diran; però prohibo a los estrangeros el que puedan adquirir ni trabajar Minas propias en aquellos mis Dominios, salvo que esten naturalizados, o tolerados en ellos con mi expresa Real Licencia.

Espagnols exceptés, de toute participation aux travaux métallurgiques dans ce pays. Le gouvernement national supprima ces entraves inintelligentes et égoïstes apportées à la prospérité de la patrie; et bientôt après, vers 1824, les exploitations minières semblèrent reprendre faveur; elles avaient fixé, avec juste raison, l'attention des capitalistes anglais, qui y consacrèrent des sommes très-considérables et qui envoyèrent au Mexique de savants ingénieurs.

Malheureusement les résultats obtenus ne réalisèrent pas toujours les espérances qu'il semblait permis de concevoir, d'après la puissance des moyens d'extraction employés, d'après toute l'économie qu'on se proposait d'apporter dans le traitement des minerais.

Il serait très-instructif, sans doute, puisque nous nous sommes placé à un point de vue tout à fait pratique, d'examiner de près les différentes causes des insuccès successifs qui firent disparaître des compagnies fortement organisées, et refroidirent bien vite le zèle des actionnaires de la Grande-Bretagne.

Pour ne pas trop nous étendre, sans perdre tout à fait cependant les utiles enseignements qu'on peut retirer de cette étude rétrospective, voyons seulement ce qui s'est passé tout près de Mexico, à Real del Monte, où les Anglais ont fondé de bonne heure un important établissement.

Au mois de juin 1739, D. Pedro Romero de Terreros, qui reçut depuis le titre de premier comte de Regla [1], obtint la concession de toutes les anciennes mines de Real del Monte, qui se trouvaient inondées, et qu'à force de persévérance [2]

[1] Il prit ce titre en 1762, après qu'il eut fait construire la magnifique *hacienda de beneficio* (usine pour le traitement des minerais d'argent) de Regla, qui lui coûta plus d'un million de piastres, 5 200 000 francs.

[2] L'idée qui fit la fortune du comte de Regla consistait, bien simplement, à profiter de la configuration du terrain

il parvint à mettre dans l'état le plus prospère (1774); il en retira 11 millions de piastres, plus de 55 millions de francs de bénéfice net.

Il laissa, à sa mort [1], au deuxième comte de Regla, des mines qui semblaient bien près d'être épuisées ; et le peu qu'elles produisirent fut en effet presqu'entièrement absorbé par les nouveaux et considérables travaux de toute sorte qu'il fallut y entreprendre. Ces travaux, activement continués, en 1809, par le troisième comte de Regla, furent suspendus, en partie au moins, pendant la guerre de l'Indépendance : on put toutefois en obtenir encore, jusqu'en 1819, un produit net de plus de 200 000 piastres, plus d'un million de notre monnaie, après quoi ces mines furent entièrement abandonnées une seconde fois.

Un traité fut conclu quelques années plus tard, en 1824, entre ce troisième comte de Regla et une compagnie anglaise formée à Londres, traité par lequel la compagnie s'obligeait à fournir tous les capitaux nécessaires pour l'exploitation des mines du comte ; à payer à ce dernier 16 000 piastres (environ 80 000 francs) par an, jusqu'à la mise en bon rapport des mêmes mines, et à partager ensuite avec lui les bénéfices qu'elle réussirait à réaliser.

pour construire dans la mine principale une galerie venant déboucher vers le bas de la montagne et permettant de donner aux eaux un écoulement facile et assuré. Dix années entières furent employées en tâtonnements infructueux qui engloutirent des sommes immenses.

Ce fut en 1749, qu'en adoptant, pour la galerie en projet, une direction toute nouvelle, on eut le bonheur de couper les veines de *Santa Brigida* et de la *Vizcaina*, prodigieusement riches l'une et l'autre.

[1] Le 27 novembre 1781. Le comte de Regla a laissé les souvenirs les plus honorables d'une inépuisable générosité et d'une philanthropie éclairée.

On lui doit, entre autres bonnes œuvres, la fondation du mont-de-piété de Mexico, qu'il dota d'un million de francs.

La compagnie s'empressa de s'assurer, à des conditions analogues, l'entière jouissance d'autres mines moins importantes, appartenant à des particuliers qu'elle voulut désintéresser à tout prix, et avant d'avoir pu se renseigner assez exactement peut-être sur le produit que chacune de ces concessions était susceptible de donner.

Dès qu'elle voulut se mettre à l'œuvre, elle eut à surmonter des difficultés de plus d'une sorte, et rencontra des obstacles qu'elle était bien loin d'avoir prévus.

Son premier soin avait été de faire venir d'Angleterre cinq puissantes machines à vapeur pour l'épuisement des eaux. Trois navires, de trois cents tonneaux chacun, les apportèrent au Mexique, ainsi que quelques machines opératrices ; ils amenaient, en même temps, un certain nombre de mécaniciens et d'ouvriers mineurs anglais.

Ces navires arrivèrent dans le golfe du Mexique au mois de mai 1825, à l'époque où les côtes en sont le plus malsaines ; le port de Vera-Cruz étant bloqué par les Espagnols, qui se trouvaient encore maîtres du fort de *san Juan de Ulua* (Saint-Jean d'Ulloa), il fallut en déposer tout le chargement sur la plage de Mocambo, en pleine saison des pluies : la fièvre jaune fit de nombreuses victimes parmi les arrivants, et retarda considérablement le transport de tout ce matériel encombrant à Real del Monte.

Quand on eut à y installer les machines ; quand on chercha à faire adopter par les ouvriers mexicains les améliorations essentielles à introduire dans les procédés d'extraction ou de traitement des minerais, on rencontra de la part de ceux-ci une résistance bien justifiée, à leurs propres yeux, par leur ignorance absolue de ces choses ou de ces méthodes nouvelles ; il fallut faire venir d'Europe, en grande hâte et à très-grands frais, une véritable armée de mécaniciens, de chauffeurs, d'ouvriers en fer et en bois, de mineurs exercés.

La construction des usines, des bâtiments d'habitation et d'exploitation fut entreprise aussitôt avec beaucoup de luxe; on commença par distribuer un grand nombre d'emplois, tous très-largement rétribués.....

Aussi le capital social, fixé, au début, à 2 millions de piastres (environ 10 millions de francs), fut-il porté successivement jusqu'à 6 181 710 piastres, près de 31 millions.

Au lieu de s'efforcer de tirer parti des minerais relativement pauvres qui s'offraient en abondance, on cherchait toujours à atteindre, à des profondeurs plus considérables, des minerais plus riches, de la nature de ceux qui avaient fait autrefois l'immense fortune du premier comte de Regla.

En 1848, la compagnie déjà engagée pour plus de 5 millions de piastres, en dehors de son capital [1], refusa de faire de nouveaux appels de fonds, et se décida à se dissoudre, après avoir ainsi perdu, en vingt-trois années, plus de 25 millions de francs.

Mettant à profit les leçons si chèrement payées par ces étrangers qu'avait cependant précédés une réputation si universellement admise d'habileté, et traitant avec la compagnie anglaise dans des conditions évidemment avantageuses, une association mexicaine n'a pas craint de reprendre, en 1849, les travaux interrompus, avec un capital de 538 484 piastres seulement (environ 2 800 000 fr.), et malgré la profondeur ainsi que l'étendue des fouilles si fatalement reconnues improductives. Celle-ci a eu le bonheur ou le talent de faire revivre bien vite les bons temps de Real del Monte; et, dès la fin de 1863, elle avait déjà obtenu un bénéfice net de 10 millions de piastres, plus de 52 millions de francs.

Malgré cette fin assez consolante de l'historique succinct des mines de Real del Monte et de Pachuca, il reste bien

[1] Les déboursés s'étaient élevés, de 1824 à 1848, à 13 421 802 piastres, et l'on n'avait obtenu, pendant ces vingt années, que 8 646 534 piastres d'argent métallique. A la liquidation les dépenses étaient de 16 218 489 piastres et les recettes de 11 340 416 piastres.

démontré, et nous tenions à insister sur ce point, que ceux qui se livrent, de près ou de loin, à de pareilles spéculations minières, ne doivent pas s'attendre à ce que le succès se trouve toujours au bout de leurs sacrifices et de leurs efforts.

Les différents nombres de piastres, si considérables, que nous avons été amené à citer à propos d'une seule entreprise de mines, sont bien de nature à donner d'ailleurs une idée de l'importance que doit atteindre, au Mexique, la production totale des matériaux précieux.

Il est très-difficile d'obtenir des indications un peu précises, à ce sujet, depuis la conquête du Mexique par Fernand Cortez jusque vers le milieu du seizième siècle : nous savons bien que, pour telles ou telles mines, le droit du *quinto*, fidèlement envoyé en Espagne, a produit des sommes énormes ; mais quelques chiffres isolés n'auraient évidemment que peu d'intérêt.

Au mois de mai de 1535, l'hôtel des monnaies de Mexico fut installé et commença à fonctionner d'abord comme entreprise particulière ; en 1733, cet établissement fut placé sous la direction immédiate du gouvernement, et, à partir de cette époque, il devient plus aisé de trouver, dans ses archives, des renseignements présentant quelque suite sur les quantités d'or et d'argent qui y furent annuellement transportées en numéraire. Ce ne serait cependant que sous toutes réserves que nous oserions reproduire les indications évidemment incomplètes d'après [1] lesquelles le Mexique n'aurait donné, en ce temps-là, que 25 à 30 millions par an de métaux précieux, l'argent entrant dans cette somme pour la part de beaucoup la plus grande.

Héron de Villefosse a établi que depuis 1690 jusqu'en 1800, il avait été frappé, à la monnaie de Mexico, 1298217472 piastres d'or et d'argent, ce qui ferait, pour

[1] *De la richesse minérale*, par A. M. Héron de Villefosse. Paris, 1810, t. I, division économique.

la moyenne de ces 110 années, 11 801 977 piastres, tout près de 12 millions de piastres, ou de 60 millions de francs.

Mais ce chiffre approximatif est probablement bien éloigné de rendre compte exactement de la production totale de l'or et de l'argent, au Mexique, pendant cette période de temps.

Nous savons déjà [1] qu'il devrait être augmenté, en premier lieu, des quantités de ces deux métaux recueillis en contrebande, quantités d'autant plus considérables sans doute que cette contrebande s'exerçait alors au détriment des dominateurs abhorrés du pays. De plus, tout l'or, tout l'argent transformés en bijouterie ou consacrés à l'orfévrerie ne s'y trouvent pas compris non plus; et, ceux d'entre nous qui ont vécu un peu dans l'intimité des familles mexicaines riches savent quel nombre incroyable celles-ci possèdent de bijoux, de vases, d'ustensiles en vaisselle plate, d'objets de toute nature en or et en argent.

A cela il faudrait ajouter encore tout ce qui a été employé de métaux précieux à la décoration des innombrables églises du Mexique et de quelques sanctuaires, objets tout particuliers des pieuses libéralités des fidèles [2].

En 1800, et pendant les années suivantes, la difficulté qu'éprouva l'Espagne à envoyer au Mexique le mercure [3] nécessaire pour le traitement des minerais d'argent, sem-

[1] Voir la note de la page 8.

[2] Ces libéralités n'avaient pas toujours pour seul mobile une véritable piété.

On cite, entre autres, un abbé richissime qui donna 300000 piastres (un million et demi) d'or, d'argent et de pierres fines à la cathédrale de Mexico pour obtenir l'appui de l'archevêque de Mexico, afin d'être relevé de ses vœux et de légitimer trois enfants que lui avait donnés une jolie indienne. Il finit par y arriver, bien entendu. Nous nous abstenons, par convenance, de citer des faits analogues de plus récente date.

[3] Les mines de mercure d'Almaden (Espagne) produisaient, à la fin du dernier siècle, de 15 à 20000 quintaux de mercure

blait devoir ralentir la production de ce métal. De Humboldt a constaté cependant qu'il en fut apporté à l'hôtel des monnaies de Mexico :

En 1800, 18685674 piastres (or et argent)
— 1801, 16568000 —
— 1802, 18798600 —
— 1803, 23166906 — :

il admet que la production s'est élevée, année moyenne, depuis 1797 [1], à 20992088 piastres d'argent, et à 947527

par année ; la mine d'Almadenejos, voisine de la première, en pouvait donner de 1000 à 1500 quintaux.

Cela explique comment l'Espagne parvenait à suffire à la consommation du mercure en Amérique, consommation dont nous verrons la cause, dont nous dirons l'importance ; et comment elle n'avait besoin de recourir que par exception aux mines d'Allemagne, d'Idria.

Aujourd'hui la Californie exporte, au Mexique, beaucoup de mercure. Dans son rapport sur les mines de New-Almaden, M. Coignet donne les chiffres suivants, comme représentant les poids de mercure entrés au Mexique par les ports de San-Blas et de Mazatlan, de 1860 à 1864 :

En 1860..................	111760	kilog.
— 1861..................	346874	—
— 1862..................	425015	—
— 1863..................	333328	—
— 1864..................	215211	—

En 1590, le quintal de mercure coûtait, aux mineurs, 187 piastres de 5 livres 10 sols ou 1028 fr. 50 c. Après 1776, le gouvernement espagnol livra le mercure d'Almaden à 41 piastres (225 fr. 50 c.) et celui d'Idria à 62 piastres (341 fr.). Au début des mines de New-Almaden on ne vendit le mercure, à San-Francisco, que 4 fr. 50 c. le kilo, pour détruire la concurrence étrangère ; depuis 1855 ce prix s'est élevé à 5 fr. 60 c. et, dans ces derniers temps, à 6 fr. 50 c., valeur que le mercure paraît devoir conserver longtemps.

[1] Dans cette moyenne n'est pas comprise l'année 1796,

piastres d'or, ayant ensemble une valeur annuelle de 22 millions de piastres, ou 110 millions de francs, environ.

Jusqu'en 1810, on ne frappa de monnaie qu'à Mexico même; mais depuis cette époque jusqu'en 1821, le pays étant en pleine guerre civile, il ne fut plus possible de conduire à Mexico les lingots d'argent obtenus en des points du territoire souvent très-éloignés, pas plus que de tirer de la capitale, pour les besoins des diverses provinces, l'argent transformé en numéraire.

On créa alors, dans quelques localités de l'intérieur, des hôtels des monnaies provisoires, sur les travaux desquels les documents manquent d'une manière à peu près absolue.

Après 1821, quand l'ordre se trouva momentanément rétabli, les différents États fédéralisés voulurent conserver le droit de battre monnaie: mais leurs hôtels des monnaies n'envoyèrent pas toujours scrupuleusement au siége du gouvernement le compte rendu de leur situation annuelle.

Nous ne nous arrêterons donc pas à l'examen, forcément incomplet, de la production de l'or et de l'argent, au Mexique, pendant cette longue période [1], et nous terminerons cet exposé en indiquant, d'après des données tout à fait certaines [2], les quantités de ces deux métaux qui ont

considérée comme exceptionnellement productive, pendant laquelle il a été frappé, par la Monnaie de Mexico :

1297794 piastres en or, et 24346772 piastres en argent, en tout 25644566 piastres, représentant 128000000 de francs, à peu près.

[1] On peut consulter, à cet égard, d'ailleurs, l'ouvrage déjà cité de M. Saint-Clair Duport, d'après lequel la production constatée de l'or et de l'argent, depuis 1811 jusqu'à 1840 inclus, n'aurait été que de 1717528533 francs, soit de un peu plus de 57 millions par année.

En 1841, d'après le même auteur, le Mexique aurait donné 751058 piastres d'or et 12731747 piastres d'argent, valant ensemble 74021599 francs.

[2] Memoria presentada a S. M. El Emperador por el ministro

été monnayées, pendant les sept années comprises entre 1859 et 1866, dans les neuf hôtels des monnaies de Mexico, de San Luis Potosi, de Guanajuato, de Guadalajara, de Catorce, de Zacatecas, de Durango, du Chihuahua et de Oajaca[1].

La production totale a été:

	ARGENT.		OR.	
En 1859,	de 15156185	piastres,	et de 841372	piastres ;
— 1860,	de 13917073	—	et de 574310	—
— 1861,	de 15437620	—	et de 920668	—
— 1862,	de 17136475	—	et de 767517	—
— 1863,	de 16771897	—	et de 868777	—
— 1864,	de 16252608	—	et de 819907	—
— 1865[2],	de 15306141	—	et de 832198	—
Totaux....	109977999	—	5624749	—

total général de la production en métaux monnayés, pendant sept années, 115 602748 piastres, ou 601 134290 francs,

de fomento Luis Robles Pezuela, de los Trabajos executados en su ramo en el año 1865. Mexico, Imprenta de Andrade y Escalante, 1866.

[1] Il faudrait ajouter encore aux nombres que nous transcrivons ici les résultats du travail de l'hôtel des monnaies de Culiacan (Sinaloa) pendant ces mêmes années, résultats qu'il ne nous a pas été possible de trouver dans les archives du ministère de *fomento* (protection), dans les attributions duquel rentrent l'agriculture et les travaux publics. Il est bien reconnu, en outre, que le Sinaloa est la province dans laquelle a lieu, sur l'échelle la plus grande, la contrebande des métaux précieux: son éloignement de la capitale, son immense richesse, sa position enfin rendent bien compte de ce fait.

[2] La diminution sensible, officiellement constatée, de la production de l'argent en 1865 provient seulement de l'état bien connu de souffrance où se sont trouvées, cette année-là, les mines de Guanajuato qui avaient donné, à elles seules, 5242200 piastres d'argent monnayé en 1863, 4113 200 piastres en 1864, et dont le rendement n'a été que de 3572000 piastres en 1865.

soit, en moyenne, 86 millions, en nombres ronds, par année.

En admettant, ce qui ne paraîtra certainement pas exagéré d'après ce que nous venons de dire, et d'après toutes les réserves que nous avons été amené à faire, en admettant que le Mexique ait produit annuellement 100 millions d'or et d'argent depuis l'année 1690, point de départ de la statistique de Héron de Villefosse, on voit qu'à la fin de 1866 on avait probablement extrait des mines de ce pays au moins 17600000000 de francs ou 88000 tonnes d'argent pur.

Tout ce métal réuni en une seule masse aurait, par conséquent, un volume d'environ 8400 mètres cubes et pourrait ainsi former un cube d'un peu plus de 20 mètres de côté.

Ajoutons enfin qu'on estimait, au commencement de ce siècle [1], que les mines d'or et d'argent, exploitées dans le monde entier, donnaient un produit annuel de 239000000 de francs, sans y comprendre celles de l'Afrique et des pays peu connus, et de 243800000 francs, en tenant compte de l'or qui provenait de cette partie du monde.

D'après ce qui précède, le Mexique fournissait donc alors,

[1] Ces chiffres sont donnés par M. Brongniart (*Traité élémentaire de minéralogie*. Paris, 1807, t. II, p. 351) dans un tableau dressé pour cet objet, d'après les recherches de M. Coquebert de Montbret et les notes de M. de Humboldt.

Héron de Villefosse, qui les cite dans son ouvrage, fait un rapprochement intéressant entre le produit annuel des mines d'or et d'argent des deux hémisphères, et la valeur qu'atteignent, en totalité, toutes les autres substances minérales extraites chaque année du sein de la terre, sans y comprendre le sel, les terres employées dans les arts, les pierres, les marbres, les argiles, les sables, la chaux.... Ces substances minérales produisaient alors, tous les ans, une valeur représentative de 962 à 965 millions, quatre fois plus considérable, à très-peu près, que le rendement en or et en argent des mines en exploitation, à cette époque, dans l'univers entier.

à lui seul, environ les deux cinquièmes en moyenne et quelquefois jusqu'à la moitié de ces métaux précieux!

Si, depuis 1848, l'énorme quantité d'or qu'on a retiré de l'Australie et surtout de la Californie a bien changé ces conditions, et a fait perdre au Mexique le premier rang qu'il a longtemps occupé parmi les nations, au point de vue de la production de l'or et de l'argent, ce n'est certainement pas que ses admirables sources de richesses se soient taries.

Le Mexique, quand il sera parvenu à s'organiser politiquement, à se reconstituer par l'ordre, le travail et le progrès moral, aura incontestablement un avenir de nature à effacer complétement jusqu'aux souvenirs d'un passé aussi brillant, au point de vue métallurgique, qu'il est déplorable sous tant d'autres rapports.

« L'abondance de l'argent est telle dans la chaîne des » Andes, » écrit en 1808 M. de Humboldt, « qu'en réflé- » chissant sur le nombre des gîtes de minerais qui sont » restés intacts ou qui n'ont été que superficiellement » exploités, on serait tenté de croire que les Européens » ont à peine commencé à jouir de cet inépuisable fonds » de richesses que renferme le nouveau monde... »

« Les gisements travaillés depuis trois siècles ne sont » rien auprès de ceux qui restent à explorer...... » dit, quarante ans plus tard, avec toute l'autorité d'un talent d'observation des plus remarquables, M. Saint-Clair Duport.

N'y-a-t-il pas là de quoi nous encourager à entrer maintenant dans quelques détails relativement à la nature des minerais divers qu'on rencontre le plus habituellement au Mexique, aux procédés de traitement de chacun d'eux, et à nous arrêter enfin à la description de celles des grandes exploitations minières sur le passé, le présent et l'avenir probable desquelles il nous a été donné de recueillir le plus de renseignements?

DES DIVERSES ESPÈCES DE MINERAIS D'ARGENT.

L'argent se trouve abondamment répandu dans la nature, au Mexique, à l'état natif, à l'état libre; mais, tout en se présentant sous cette forme, il est habituellement associé ou mêlé à l'un et souvent à plusieurs des nombreux composés chimiques dans lesquels il entre.

Les principaux de ces composés, en ne parlant d'abord que de ceux que l'argent forme à lui seul avec les différents métalloïdes, sont le sulfure d'argent et le chlorure d'argent, auprès duquel on rencontre parfois l'iodure, le bromure, et, plus rarement, l'arséniure et le séléniure d'argent.

A côté de ces espèces minérales qu'il est facile de recueillir dans toute leur pureté en divers points du Mexique, viennent se placer ensuite des combinaisons variées où entrent à la fois de l'argent, de l'antimoine, de l'arsenic, unis en outre, dans quelques localités, au zinc, au fer et au cuivre; lorsqu'on a affaire enfin à des minerais dans lesquels la proportion de l'un de ces derniers métaux est considérable, par rapport à celle de l'argent, il peut arriver que le produit en argent en soit insuffisant, et ne devienne plus qu'un accessoire; ces minerais sont alors des galènes argentifères, des cuivres pyriteux argentifères, c'est-à-dire des sulfures de plomb ou de cuivre dont on peut avoir intérêt à retirer ces métaux eux-mêmes, préférablement à l'argent; et c'est ainsi, qu'à cette limite, les mines d'argent peuvent devenir plus utilement des mines de plomb ou de cuivre.

C'est ordinairement dans les terrains primitifs qu'on constate l'existence de l'argent dans les fissures ou les déchirures [1] plus ou moins profondes des roches micacées,

[1] Pour qu'on puisse juger de l'importance de ces fentes

amphiboliques, cornéennes. Les terrains secondaires fournissent aussi des minerais d'argent ; mais le métal n'y a point été déposé d'ordinaire à l'état natif et n'y existe qu'engagé dans des combinaisons plus ou moins stables.

Le quartz, avec toutes ses variétés, dont on ne se lasse pas d'admirer les magnifiques cristaux diversement colorés par des oxydes métalliques ; divers porphyres ; du feldspath, à un état plus ou moins avancé de décomposition ; enfin quelques roches calcaires, constituent les gangues les plus communes des minerais d'argent.

Les différentes espèces d'ardoises les accompagnent aussi, mais ne se rencontrent qu'exceptionnellement à la surface du sol, tandis qu'elles existent, presque sans exception, à côté des veines argentifères, à une profondeur variable dans l'écorce du globe terrestre. Ces ardoises pyriteuses, talqueuses, chloritiques, alternent irrégulièrement avec de la siénite [1], des diorites [2], avant qu'on ne rencontre, plus bas, l'ardoise noire commune, sillonnée par de petites veines de quartz.

Cette dernière roche d'ardoise n'a pas encore été dépassée, parait-il, dans les travaux souterrains des mines ayant atteint, jusqu'à ce jour, la profondeur la plus considérable au Mexique [3].

naturelles, nous citerons la *veta madre* (veine mère) de Guanajuato qui, sur une largeur de plus de 70 vares ou près de 60 mètres (la vare vaut $0^m,838$), n'est autre chose qu'un mélange intime de quartz, de sulfure d'argent et d'un peu d'or ; la *veta grande* (grande veine) de San-Acasio, à Zacatecas, qui a jusqu'à 30 vares ou 24 mètres environ de largeur, mais est sensiblement moins riche que la précédente.

[1] La siénite est un granit amphibolique.

[2] Les diorites caractérisent le gisement essentiel de l'amphibole, qui y est uni à l'albite : c'est le *grünstein* des Allemands.

[3] A Zacatecas, Fresnillo, Guanajuato... on trouve des mines qui atteignent souvent et dépassent quelquefois 400 à 500 vares (de 335 à 420 mètres) de profondeur.

Nous aurons à indiquer bientôt quels sont les différents minerais en exploitation régulière dans la plupart des diverses provinces mexicaines, et nous dirons en même temps, autant que possible, quelles substances minéralogiques entrent dans la gangue de chacun d'eux.

Nous n'avons plus qu'une observation générale à présenter maintenant sur l'état où se trouvent les minéraux renfermant de l'argent et d'autres métaux, d'après la position qu'ils occupent, soit à la surface du sol, soit à des profondeurs variables dans la terre : c'est presque une première définition que nous ne pouvons nous dispenser de poser.

Il est en effet bien digne de remarque que lorsqu'ils sont placés de façon à être soumis à l'influence des agents atmosphériques, ces minéraux ont souvent éprouvé une sorte de décomposition partielle, dont la cause première reste sans doute inconnue, mais à laquelle est dû indubitablement, par exemple, cet argent libre qu'on peut observer à la surface de tant d'échantillons de minerais.

Les métaux autres que l'argent sont passés très-souvent à l'état d'oxydes, ou bien se sont combinés avec l'acide carbonique, le chlore, le brome, etc.; le soufre des sulfures métalliques semble avoir abandonné en partie les métaux pour former, avec les bases terreuses, la magnésie, la chaux......, des sulfates qui s'allient ensuite avec les sulfates métalliques en formation, et donnent des sulfates doubles.

L'oxyde de fer qu'on rencontre fréquemment dans ces minerais colore ceux-ci fortement en rouge: et c'est à cette circonstance qu'est dû le nom de *minerales colorados* (minerais rouges) que les mineurs donnent à ces espèces minérales dont ils font grand cas, d'abord parce qu'elles n'exigent pas de grands travaux d'extraction, et puis parce qu'elles sont en général d'un traitement facile, comme nous le verrons.

Les minerais d'argent déposés à une profondeur au-dessous du sol suffisante pour les soustraire à l'action de l'atmosphère, ont au contraire bien mieux conservé leur composition primitive; l'argent natif, quand on l'y rencontre, se présente en filigranes plus ou moins volumineux, en lames minces, de plus ou moins d'étendue; il est étroitement mélangé parfois au sulfure d'argent pur, et a bien certainement une origine ignée.

Les autres sulfures qui accompagnent le sulfure d'argent n'ont pas été altérés; les pyrites (sulfures de fer et de cuivre), les blendes (sulfure de zinc), les galènes surtout (sulfure de plomb), communiquent à toute la masse une teinte foncée, presque noire; aussi, dans le langage des mineurs, ces minerais portent-ils le nom de *minerales negros* (minerais noirs), ou tout simplement de *negros* (noirs).

Ces noirs donnent environ des six septièmes aux sept huitièmes de l'argent que produit annuellement le Mexique.

Mais nous ne pouvons nous contenter de cette première et bien vague classification des minerais d'argent; pour l'intelligence de ce qui va suivre, sans entrer toutefois dans des développements minéralogiques trop étendus, il nous semble indispensable de faire au moins une énumération sommaire des différentes sortes de minerais du traitement desquels nous aurons à nous occuper ensuite.

Argent natif. — On a l'habitude de désigner ainsi l'argent existant dans la nature à l'état métallique; sans nous arroger, tant s'en faut, le droit d'innover en minéralogie, nous pensons qu'il y aurait lieu d'établir une distinction bien nette, ainsi que nous venons de le dire, entre l'argent qui dût être séparé violemment des autres substances avec lesquelles il était combiné, à l'époque des dernières convulsions intérieures du globe, et celui qui n'a été isolé que plus tard de ses combinaisons par l'action lente mais éternelle des agents atmosphériques, de la lumière, de l'électricité, sans nul doute..., action qui se continue de nos jours, comme paraît le démontrer l'examen de plusieurs échantillons de minerais pris parmi les *minerales colorados* [1].

Sans insister davantage sur ce point, nous réserverons donc ici le nom d'*argent natif* au métal le plus anciennement formé, à celui qui semble avoir été mis en liberté par l'action de la chaleur, et nous donnerons celui d'*argent libre* à l'argent de plus moderne formation [2].

Le premier se montre sous différents aspects ; on le trouve cristallisé régulièrement en cubes ou en octaèdres ; il se présente souvent en masses compactes, en fibres très-irrégulièrement façonnées, en filigranes, en dendrites et même en grains de grosseur très-variable.

Il accompagne d'ordinaire le sulfure et le chlorure d'argent ; mais il est à remarquer qu'avec ce dernier corps il prend habituellement la forme de paillettes plus ou moins étendues, plus ou moins épaisses, qu'on met en évidence en divisant simplement le minéral.

C'est à côté du sulfure et dans des géodes formées le plus souvent par des cristaux de quartz bien caractérisés, qu'on rencontre les plus beaux et les plus importants échantillons d'argent natif en filigranes.

L'argent libre existe à l'état de mélange intime avec certaines gangues dont la décomposition est commencée depuis longtemps peut-être, et se continue lentement ; il a l'avantage de procurer, comme nous le verrons, de grandes facilités pour le traitement des minerais dont il fait partie, mais où il n'est pas toujours aisé de le découvrir sans l'aide de la loupe.

Dans beaucoup de mines du Mexique, on trouve l'argent

[1] Nous faisons allusion surtout à un bien curieux échantillon d'argent libre que nous avons rapporté des mines de Charcas.

[2] Les ingénieurs mexicains, du reste, ont peut-être eu l'intention de faire cette distinction, et peut-être leur *plata virgen* (argent vierge) n'est-il pas pour eux la même chose que *la plata nativa* (argent natif).

allié à une certaine quantité d'or, mais la proportion de celui-ci n'est jamais assez forte pour que les propriétés ou les caractères de cet argent aurifère soient sensiblement différents de ceux de l'argent pur.

Argent sulfuré, *Petlanque negro* (Petlanque noir).

C'est là, sans aucun doute, le minerai d'argent à la fois le plus riche et le plus abondant au Mexique. Il a une couleur gris de plomb ou gris d'acier, quelquefois un peu terne et souvent tout à fait noire.

On le rencontre, à l'état de pureté, cristallisé en cubes ou bien affectant la forme de dendrites ; mais, dans la plupart des cas, il se présente en masses amorphes ou en couches plus ou moins épaisses, mélangées à la gangue qui l'accompagne ou à d'autres sulfures métalliques.

On admet qu'il se compose généralement de :

Argent, 86,5,
Soufre, 13,5.

Argent antimonié sulfuré, *Rosicler oscuro* (Rosicler foncé), *Nochistle* ou *Petlanque rojo* (Petlanque rouge).

C'est un sulfure double d'antimoine et d'argent, dans la proportion de :

Sulfure d'antimoine, 32,
Sulfure d'argent, 68,

et dont la composition s'éloigne peu, par suite, de la suivante :

Soufre, 18,
Antimoine, 22,
Argent, 60.

Ce minéral cristallise en général en forme de prisme à six faces ou de rhomboèdre, mais il s'en écarte souvent d'une manière très-sensible.

Ce qui le distingue surtout, c'est la belle couleur rouge qu'il prend quand on le raie avec une pointe ou quand on le réduit en poussière.

On le trouve aussi en morceaux amorphes, en masses

compactes, ayant parfois une apparence d'un gris métallique [1].

Argent arsenio-sulfuré, *Rosicler claro* (Rosicler clair).

On nomme ainsi un sulfure double d'argent et d'arsenic, renfermant :

Sulfure d'argent,	75,
Sulfure d'arsenic,	25.

Il se présente comme le précédent en cristaux bien nettement définis ou en masses amorphes, et même, dans certains endroits, en rognons très-remarquables et très-riches.

Argent arsenio-antimonié sulfuré.

On connaît aussi, au Mexique, un rosicler arsenio-antimonié, c'est-à-dire renfermant à la fois de l'arsenic et de l'antimoine, qui paraît appartenir spécialement aux formations primitives et qu'on y rencontre en même temps que l'arsenic natif, le cobalt blanc arsenié, le nickel arsenié, le sulfure rouge d'arsenic (réalgar), l'argent sulfuré et l'argent natif, la chaux carbonatée, le spath fluor...

C'est à cette espèce qu'appartiennent les beaux et célèbres cristaux de Guarisamey (Durango), dans la composition desquels il entre un peu de cuivre et de fer, suivant les proportions que voici :

Soufre,	17,04,
Antimoine,	5,09,
Arsenic,	3,74,
Argent,	64,14,
Cuivre,	9,93,
Fer,	0,06.

[1] On rencontre en outre, au Mexique, des minéraux d'une composition analogue, qui semblent former un intermédiaire entre l'argent sulfuré et le rosicler foncé, qui ne renferment que du soufre, de l'antimoine et de l'argent, et qu'on appelle *plata antimonial* (argent antimonié) à Guanajuato, et *plata gris antimonial* (argent gris antimonié) à la mine *del Pabellon* (du Pavillon) à Sombrerete.

La présence du cuivre et du fer dans les minerais d'argent, communique à ceux-ci des propriétés toutes particulières et en modifie l'aspect extérieur : aussi leur a-t-on donné des dénominations spéciales qu'il faut énoncer encore en passant.

On nomme : **Argent antimonié sulfuré noir,** *Plata agria* (argent aigre), et **argent arsenio-sulfuré noir,** *Plata azul acerada* (argent bleu, couleur d'acier), des minerais composés comme il suit :

Soufre,	16,42,	et	soufre,	19,7,
Antimoine,	14,38,		antimoine,	3,3,
Argent,	68,56,		argent,	67,9,
Cuivre,	0,64,		cuivre,	3,7,
			Fer,	5,4.

Ce dernier est aussi appelé *Plata agria, negra de hierro* (argent aigre, noir de fer), et il n'est pas rare de le découvrir, dans certaines exploitations, auprès de la galène, de la blende, des pyrites, du rosicler clair, de l'arsenic natif, des chaux carbonatées, de la barytine.

Il paraît d'ailleurs de formation plus ancienne que l'autre *Plata agria,* ne renfermant que du cuivre, et lui est toujours superposé, quand on les trouve réunis ensemble dans la même mine.

Pour terminer cette rapide nomenclature des sulfures composés, à base d'argent, il nous reste à citer d'abord : la **galène argentifère,** *galena platosa,* qui offre plusieurs variétés dans le détail desquelles nous n'entrerons pas.

Quand la galène renferme moins de 3 à 5 millièmes d'argent, il est rare qu'on cherche à en extraire ce métal; mais on peut en obtenir, au Mexique, qui renferment de 1 à 9 et jusqu'à 20 pour cent d'argent, et qui doivent être considérées, par suite, comme de véritables et excellents minerais d'argent, qu'on traite par un procédé tout spécial.

Enfin, le **cuivre carbonaté argentifère,** *Cobre carbonatado platoso* ou *Plata azul, de Catorce* (argent bleu de Catorce), est aussi un minerai d'argent assez riche pour être exploité, puisqu'il renferme :

Argent,	19,4,
Cuivre,	51,0,
Oxyde de fer,	6,5,
Oxyde de plomb,	8,6,
Acide carbonique,	14,5.

Carbonate d'argent. — Nous ne nommons ici ce minéral excessivement rare, dont l'existence a même été fort contestée par les plus savants minéralogistes, que pour rappeler, d'une façon incidente, l'opinion éclairée d'un professeur de l'École des mines de Mexico, qui pense que ce composé n'est qu'un mélange de *bruno espato* (carbonate de chaux ferrifère et manganésifère) et d'un sulfate d'argent dans un état assez avancé de décomposition.

Fer arsenical argentifère, *metal blanco* (métal blanc).

On exploite, à notre connaissance, à la mine *del Doctor* (du docteur), à Zimapam, non loin de Quérétaro, ce minerai particulier qui donne jusqu'à 2 pour cent en poids d'argent, et qui renferme, en outre, 36 pour cent de fer, et 42 pour cent d'arsenic dont on se débarrasse par un simple grillage.

Argent chloruré, *Plata cornea* (argent corné).

C'est là un second type des minerais d'argent qu'on trouve en abondance au Mexique, en général à la partie supérieure des gisements métallifères, dans les *colorados*, mais qui existe cependant aussi à de grandes profondeurs sous terre, comme à Catorce par exemple.

Il cristallise en cubes ou en cubo-octaèdres.

Il est très-souvent mêlé à de l'argent natif ou à de l'argent libre qui paraissent être le résultat de la décomposition plus ou moins ancienne du minéral. Rarement le sulfure d'argent se montre dans le voisinage du chlorure, auprès duquel on trouve au contraire des pyrites en partie décomposées, des oxydes de fer, et parfois un peu d'or natif.

Il a le plus habituellement pour gangue des chaux carbonatées.

L'argent chloruré est blanc ou d'un gris jaunâtre tirant sur le vert: il prend à l'air une couleur d'un brun violacé; sa cassure présente un certain éclat vitreux. Il renferme:

75,32 argent,
24,68 chlore.

Argent ioduré. — Il accompagne assez ordinairement le chlorure dont il se distingue par sa couleur jaune de soufre pâle, qui ne s'altère pas à la lumière solaire. On le trouve en petits cristaux, ou à l'état amorphe dans le talc stéatite. Il a la composition de :

77,4 argent,
22,6 iode.

Bromure d'argent. — Il est caractérisé par la couleur verte de ses cristaux qui prennent les mêmes formes que ceux du chlorure. C'est sans doute à la présence d'un peu de bromure qu'est due la coloration en vert de ces minerais d'argent qu'on désigne dans le pays sous le nom de *Plata verde* (argent vert), et qui sont si recherchés tant à cause de leur richesse que pour la facilité avec laquelle ils se prêtent à l'extraction du précieux métal.

Le bromure en beaux échantillons n'est plus aujourd'hui excessivement rare; on en peut recueillir à la mine de Plateros, à Catorce, au *cerro* de San Pedro Potosi, à Albarradon, près de Mazapil. Sa composition est de :

57,50 argent,
42,58 brome.

DES DEMANDES DE CONCESSIONS DE MINES ET DES PREMIERS TRAVAUX D'EXPLOITATION.

Avant d'essayer de donner une idée des procédés employés pour le traitement de ces différents minerais d'argent, nous croyons devoir dire quelques mots des formalités à remplir pour devenir propriétaire d'une mine, et des premiers travaux à entreprendre pour mettre celle-ci en exploitation régulière et en plein rapport, *en bonanza*, comme on dit au Mexique.

Les « *Reales ordenanzas* » de 1783 (Ordonnances royales), que nous avons déjà eu occasion de citer[1], règlent encore maintenant toutes les questions relatives au travail des mines, ainsi qu'au contentieux.

Après avoir déclaré péremptoirement que les mines appartiennent en propre à la couronne royale[2], ces Ordonnances en abandonnent généreusement la possession aux vassaux du roi[3], sous les conditions suivantes[4] : 1° de verser au domaine de la couronne la part qui doit lui être

[1] Note de la page 13.

[2] Titulo V. — Del dominio radical de las minas : de su concesion a los particulares ; y del derecho que por esto deben pagar.

Articulo 1°. — Las minas son propias de mi real corona, etc.

[3] Titulo V. — Art. 2°. — Sin separarlas de mi Real Patrimonio, las concedo a mis Vasalos en propriedad y posesion, etc.

[4] Titulo V. — Art. 3°. — Esta concesion se entiende baxo de dos condiciones : la primera que hayan de contribuir a mi Real Hacienda la parte de metales señalada ; y la segunda que han de labrar y disfutar las Minas cumpliendo lo prevenido en estas Ordenanzas, de tal suerte que se entiendan perdidas siempre que se falte al cumplimiento de aquellas en que asi se previniere, y puedan concedérsele a otro qualquiera que por este titulo las denunciare.

attribuée [1]; 2° de se conformer, pour le travail et la jouissance des concessions, aux règles qui y sont posées, et cela sous peine de perdre tout à fait la propriété des mines, lesquelles peuvent même passer alors entre les mains de ceux qui auront « dénoncé » [2] ces manquements.

Pour encourager et favoriser tous ceux qui trouveraient de nouveaux gisements de minerais dans des parties du territoire non exploitées encore, ou bien ceux qui entreprendraient [3] de recommencer sur de nouveaux frais l'exploi-

[1] Nous avons déjà parlé (Note de la page 6) du droit du *quinto* imposé sur les produits des mines (1/5e de la valeur obtenue).

Dès 1548, on le réduisit, en principe, à 1/10e; mais ce ne fut que bien plus tard, en 1723, qu'on cessa de percevoir tout à fait le droit le plus élevé, auquel Charles V avait ajouté un nouveau droit de 1 1/2 pour cent pour frais de fonte, d'essai et de contrôle.

A partir de 1777, l'État perçut régulièrement le 1/10e augmenté de 1 1/2 pour cent, ou 115/1000es.

Après la guerre de l'Indépendance, un décret du 20 février 1822 réduisit ces droits à 3 pour cent, tant pour l'or que pour l'argent. Depuis, on y a ajouté, au profit et pour l'entretien de l'École des mines, 1 1/2 pour cent sur tout l'argent recueilli, de sorte que l'impôt se monte, en réalité, à

4 1/2 pour cent pour l'argent.
3 pour cent pour l'or.

En outre, l'argent est grevé de droits de circulation de 4 pour cent et de droits d'exportation qui s'élèvent jusqu'à 6 pour cent. De sorte que, si l'on tient compte des contributions ordinaires ou extraordinaires frappées sur les matières employées dans la métallurgie de ce métal, comme le sel, la poudre, le mercure...., on ne sera pas étonné que tant d'entreprises de mines, en apparence très-fortement organisées, n'avaient donné que de mauvais résultats.

[2] La forme dans laquelle ces « dénonciations » doivent être faites est soigneusement indiquée dans le titre VI des Ordonnances précitées, articles de 9 à 17.

[3] Ordenanzas, etc., titulo VI, artº 6.

tation de mines abandonnées par leurs anciens propriétaires, les « *Ordenanzas* » réservent [1] aux uns comme aux autres, sur la veine principale, et à leur plus grande convenance, trois *pertenencias* [2] (concessions), continues ou interrompues ; elles leur attribuent en outre la faculté de demander, dans un délai de dix jours, une nouvelle *pertenencia* sur chacune des veines secondaires qu'ils auront été assez habiles pour découvrir ensuite.

Aux explorateurs qui indiqueraient une veine inconnue jusqu'alors, sur des hauteurs où auraient déjà été entrepris des travaux de recherche ou d'exploitation, il peut être accordé deux *pertenencias* réunies ou séparées, à leur gré.

Enfin, tout individu peut demander une *pertenencia* dans le voisinage même de travaux existants ou de mines en plein rendement : les « Ordenanzas » prescrivent toutes les mesures de nature à sauvegarder alors les droits des parties intéressées [3].

Dans tous les cas, il est fait une enquête contradictoire de commodo et incommodo, dont la forme y est aussi minutieusement indiquée, et dont la durée est fixée à quatre-vingt-dix jours.

Pendant les soixante premiers jours, la personne qui est en instance pour obtenir une ou plusieurs *pertenencias*, doit avoir fait sur chacune des veines métalliques reconnues par elle, un puits de une vare et demie [4] (1m,25) de diamètre à l'ouverture, et de dix vares (8m,38) de profondeur.

[1] Ordenanzas, etc., titulo VI, art° 1.

[2] La *pertenencia* est un carré de 200 vares (167m,40) de côté. Nous traduisons *pertenencia* par « concession », mais en faisant remarquer que le mot espagnol indique un peu différemment et à la fois le droit de propriété et le territoire appartenant au concessionnaire.

[3] Ordenanzas, etc., titulo VIII, art° 14, 15, 16, 17.

[4] Nous avons déjà dit que la vare vaut 0m,838.

Elle se divise, pour l'agriculture et les mines, comme l'antique vare de Tolède, en 2 *medias* (demies), 3 *tercias*

Cette première excavation sert aux employés du gouvernement à étudier la direction, la largeur de la veine, son inclinaison sur l'horizon, la nature du minerai, celle de sa gangue, et à déterminer enfin les limites de la *pertenencia* [1] où doivent être placés à demeure les *estacas* ou les *mojones* (bornes en bois ou en pierre).

Il est facile de comprendre, en parcourant les « Ordenanzas, » à combien de tracasseries et de chicanes devra infailliblement être en butte un pauvre diable d'Indien qui, en promenant ses bêtes de montagne en montagne, aura eu la bonne fortune de trouver quelque part un gisement d'argent et affichera la prétention d'en devenir concessionnaire : il est plus évident encore, pour celui qui sait de quelle façon la justice est généralement rendue au Mexique, que le malheureux restera sans défense contre les séductions ou les violences dont on ne craindra pas d'user envers lui pour le tromper, l'intimider d'abord, et le dépouiller plus ou moins légalement ensuite.

Or il y a presque toujours, dans la ville voisine, telles et telles personnes déjà assez bien posées par leur fortune et leurs relations, avides de s'enrichir davantage encore, dont quelques-unes sont venues de bien loin dans cet espoir, qui entreprennent toutes les spéculations, toutes les affaires, et cherchent à tirer parti de tout avec d'autant plus de confiance qu'elles ne savent que trop d'ordinaire

o pies (tiers ou pieds), 4 *cuartos o palmas* (quarts ou palmes), 6 *seismas* (sixièmes), 8 *ochavos* (huitièmes), 48 *dedos* (doigts).

Le *dedo* (doigt) forme 3 *pajas* (pailles) et 4 *granos* (grains).

Mais les subdivisions de la vare mexicaine, mesure de longueur type, sont, d'après l'ancienne *vara castellana* de Burgos, de : 2 *medias*, 3 *tercias* ou pieds, 4 *cuartos*, 6 *seismas* et 36 *pulgadas* (pouces). La *pulgada* (le pouce) vaut 12 *lineas* (lignes) et la ligne 12 *puntos* (points).

[1] Des indications détaillées, relatives à ce sujet, sont données au même titre VIII, articles de 2 à 8.

comment on arrive presque toujours là-bas à avoir raison des hommes..., sinon de dame Nature.

C'est à l'un de ces négociants à l'esprit aventureux ou au propriétaire de la *hacienda* (du domaine), sur laquelle il végète, que le bon Indien apportera mystérieusement [1], un dimanche matin, les échantillons tentateurs qu'il n'a souvent pas même pris le temps de passer au feu pour y mettre l'argent en évidence.

L'*amo* (le maître) [2] examine le minéral, l'essaie grossièrement; s'il obtient de bons résultats, il se décide à faire dans la montagne, sous bonne escorte, une première reconnaissance après laquelle il s'occupe, s'il y a lieu, de « monter l'affaire », dont il n'a souvent pas la possibilité et presque jamais le désir de courir les risques à lui seul.

La valeur de la mine est donc mise en actions et forme vingt-quatre parts appelées *barras* [3].

Les premières rentrées de fonds arriveront sans peine, cette fois, les actionnaires étant encore tout pleins de zèle; les travaux seront donc poussés d'abord avec une grande vigueur; on s'enfoncera graduellement en s'efforçant de bien suivre la direction de la veine.

En admettant qu'on obtienne, en quantité suffisante, des minerais de bonne qualité, on a alors deux choses à faire :

[1] Que de fois n'avons-nous pas eu personnellement connaissance de faits analogues! Dans combien de familles mexicaines n'avons-nous pas entendu parler de mines fabuleusement riches, dont le secret était religieusement gardé par les *peones* (domestiques) de la maison, et qu'on n'attendait plus qu'un état de choses durable pour mettre en exploitation!

[2] Les Indiens appellent *señor amo* (monsieur mon maître) toutes les personnes d'une condition supérieure à la leur, auxquelles ils veulent témoigner du respect.

[3] La valeur vénale de la *barra* d'une mine déterminée, très-variable d'un moment à l'autre, rend toujours exactement compte de l'état où se trouvent les travaux de celle-ci.

ou bien les vendre, s'il y a dans les environs des usines consacrées à leur traitement, et si les frais de transport ne doivent pas coûter trop cher ; ou bien construire soi-même une ou plusieurs de ces usines spéciales, si la nouvelle mine paraît acquérir assez d'importance pour cela [1].

On se presse trop parfois de prendre ce dernier parti ; et nous avons vu de nos propres yeux bon nombre d'*haciendas de beneficio* [2] abandonnées et en ruine avant d'avoir donné des résultats utiles !

L'insuccès de l'entreprise peut être dû d'ailleurs au peu de richesse de la mine elle-même, à l'abondance avec laquelle on rencontre l'eau à une certaine profondeur, et à mille autres causes qui ont accrédité, au Mexique, le proverbe : « *Mineria loteria* [3] ».

[1] Sans entrer, à cet égard, dans de trop longs développements, nous pouvons donner une idée de ce qu'est une entreprise de ce genre à son début, d'après des résultats qui nous ont été communiqués à Querétaro pendant que nous y étions commandant supérieur du département.

On avait trouvé, à deux lieues et demie de la ville, un minerai renfermant de quatre à cinq millièmes d'argent, dont l'exploitation promettait par suite d'être fructueuse, puisque dans beaucoup de localités, à Pachuca, par exemple, on met en œuvre des minerais au titre de 1/500e ou 1/1000e.

L'extraction de la roche était payée, aux Indiens, à raison de 1 piastre (5 fr. 20 c.) les 12 arrobes ou les 138 kilogrammes (l'arrobe pèse 11^{k},50).

Le transport du minerai à Querétaro se faisait à dos d'âne ou de mulet et coûtait 1 réal (le huitième de la piastre ou 0 fr. 65 c.) les 7 arrobes (80^{k},50).

En résumé, pendant le bon temps, malheureusement de peu de durée, de cette exploitation d'essai, pour ainsi dire, les frais généraux se sont élevés de 45 à 50 piastres pour 100 piastres d'argent obtenu.

[2] Mot à mot : *domaines de bénéfice*. On nomme ainsi les établissements spéciaux où l'on tire « bénéfice » des minerais en les traitant pour en extraire l'argent.

[3] « L'exploitation des mines est une loterie. »

Nous nous hâtons de nous inscrire en faux contre ce dicton fataliste, et nous sommes fortement d'avis, au contraire, qu'on se préparerait assurément bien moins de déceptions, si l'on avait la sagesse de mettre partout la direction des travaux métallurgiques entre les mains d'ingénieurs instruits et expérimentés [1].

Admettons qu'il en a été ainsi et que notre exploitation minière est en pleine prospérité, *en bonanza.*

Tant qu'on n'était pas définitivement fixé sur la valeur commerciale de la mine, on avait sagement fait d'apporter une extrême économie dans les dépenses ; l'épuisement des eaux avait lieu au moyen de machines grossières [2] et de

[1] On trouvera, à l'appui de cette opinion, des rapprochements très-instructifs et très-intéressants entre les gisements des divers minerais d'argent au Mexique et d'autres gisements très-anciennement connus dans les autres parties du monde, en consultant la Note placée à la fin du tome Ier (page 156) de l'ouvrage de M. le professeur Andrès del Rio, qui est intitulé : *Elementos de Orictognosia o sea de mineralogia, o del conocimiento de los fossiles, etc.* Mexico, 1846.

[2] Ces machines se nomment, en espagnol, *malacates.*

Ce sont des espèces de norias dont les godets sont formés par des sacs (*bottas*) en cuir, de forme irrégulière ou cubique, pouvant contenir environ 750 livres d'eau et ayant, par suite, une capacité de près de 3700 centimètres cubes.

On attelle quatre mules, au moins, à chaque manége faisant mouvoir un malacate ; on change les animaux toutes les deux heures, en général, et on ne fait travailler chaque relais qu'une fois par jour dans les grandes exploitations, ce qui exige l'emploi de quarante-huit mules et de dix hommes pour produire, en somme, comme il est facile de s'en convaincre, moins de travail utile que n'en donneraient deux chevaux-vapeur.

La dépense d'un malacate, pendant une semaine, est, en temps ordinaire, de 165 piastres (858 fr.) ou de 8580 piastres (42906 fr.) par année, et peut s'élever jusqu'à 12000 piastres (62400 fr.) quand la saison a été mauvaise et quand le maïs est cher.

manéges[1], construits et installés de la façon la plus primitive;

La quantité d'eau à extraire des mines varie, d'ailleurs, dans les différents mois de l'année ; elle est maxima en août, septembre et octobre, après la saison des pluies qui dure bien régulièrement trois mois, de juin à août.

On a constaté qu'à Fresnillo, avant l'installation de machines à vapeur, il avait fallu employer, année moyenne, pour se rendre maître des eaux :

En janvier,	30	malacates.
— mars,	28	—
— août,	39	—
— novembre,	35	—

la dépense annuelle qui en résultait dépassait 300000 piastres, environ 1560000 francs.

Indépendamment de la question de dépense, quelqu'importance qu'elle prenne quand il s'agit de pareilles sommes, on reproche au système des malacates de devenir insuffisant s'il se produit dans les mines des crues d'eau rapides qui peuvent obliger à en abandonner les travaux inférieurs.

De plus, dans l'ensemble d'une grande exploitation, et nous pourrions prendre Pachuca pour exemple, il n'est pas rare de voir que les eaux extraites du fond d'un puits, après avoir été élevées à une assez grande hauteur, sont obligées de redescendre dans l'intérieur même de la mine, en en suivant les galeries, pour aller gagner un second, un troisième puits d'où il est plus facile de les rejeter au dehors; il en résulte qu'il y a eu, par le fait, une perte souvent considérable de travail mécanique.

On ne se figure pas avec quelle prodigalité, pour ne pas dire plus, on gaspille parfois dans les mines mexicaines la force motrice, quelque coûteuse qu'elle soit. Nous en pourrions citer une, pas bien loin de la capitale, dans laquelle une machine à vapeur servait à élever de l'eau ayant déjà passé sur une roue hydraulique, pour la verser de nouveau sur celle-ci.

[1] Nous ne voulons pas dire que les manéges ne puissent et ne doivent pas continuer d'être employés, à défaut de machines à vapeur, même dans les périodes les plus brillantes, comme résultats obtenus, des diverses exploitations minières.

A Fresnillo on a eu longtemps besoin d'entretenir pour

souvent on se contentait d'employer le transport à dos

cet usage jusqu'à 2000 chevaux, ce qui entraînait une dépense de 14000 piastres (72800 francs) par semaine.

Aujourd'hui encore on compte 7000 mules consacrées, à Guanajuato seulement, aux travaux des mines et consommant, par semaine, 24500 arrobes (281750 kilogrammes) de paille et 2600 *fanegas* de maïs (plus de 180000 kilog.).

A Pachuca, où l'on a établi des machines à vapeur et des roues hydrauliques, on emploie néanmoins de 5 à 600 chevaux ou mulets.

Les chevaux sont réservés pour les manéges d'extraction et d'épuisement, par exemple, où les animaux doivent marcher aux allures les plus rapides; les mules sont attelées de préférence aux moulins à broyer le minerai.

On estime qu'un bon cheval mexicain peut exercer, pendant quatre heures et demie, un effort moyen de près de $20^{k},76$ avec une vitesse de $2^{m},80$ à $2^{m},85$ par seconde, et que le rapport de cette force au cheval-vapeur est d'environ 0,76. On admet que, dans les mêmes circonstances, une mule ordinaire développe seulement les deux tiers de l'effort musculaire du cheval.

Pour comparer, au point de vue économique, le travail du moteur animé au cheval-vapeur, nous avons recueilli les renseignements suivants: une machine à vapeur de 30 chevaux a dépensé, en une semaine, 65 piastres de bois, et la nourriture des 40 chevaux nécessaires pour obtenir une force équivalente aurait coûté, dans le même temps, et dans le même lieu, 80 piastres.

C'est donc près du quart de la dépense totale d'entretien que fait gagner l'emploi de la machine à vapeur.

Si l'usage ne s'en est pas répandu au Mexique autant qu'il serait désirable qu'il le fût à ce point de vue, il faut l'attribuer à ce que le combustible est malheureusement très-rare dans certaines régions; à ce que les petits capitalistes reculent devant les dépenses de première mise qu'entraîne l'emploi des machines, qu'il faut faire venir de l'étranger, pour lesquelles il est indispensable d'engager aussi des ouvriers très-chèrement payés, et qu'on ne trouve pas toujours aisément à faire réparer d'ailleurs quand elles

d'homme [1] pour faire arriver le minerai du fond de la mine à l'aire placée près de l'orifice, et sur laquelle on opérait ensuite la séparation des échantillons plus ou moins riches.

Mais, dès que le succès de leur entreprise leur semble bien assuré, les opulents propriétaires de la mine ne craignent pas, ne craignent pas assez, peut-être, de commencer de grands travaux d'art qui rendront plus rapides et moins difficiles à la fois l'épuisement des eaux, l'extraction du minerai, et qui permettront de circuler plus librement dans les travaux dont l'étendue ira sans cesse en augmentant.

C'est ainsi, aux époques tant regrettées, où les résultats obtenus étaient si beaux, que remontent les magnifiques constructions souterraines de puits, de longues galeries maçonnées qui existent à Guanajuato, à Pachuca, à Tasco, un peu partout, et dont nous avons pu admirer quelques-

cessent de fonctionner régulièrement, par accident ou par suite d'usure.

Tout cela est tellement vrai que, même pour les plus grandes exploitations, il est reconnu qu'il n'y a réellement pas avantage à y introduire une machine à vapeur, si celle-ci n'a pas une force normale de plus de 100 chevaux.

[1] C'est surtout en visitant, près de Matehuala, la mine de la Paz que nous avons été vivement frappé de ce que présente encore de barbare ce mode de transport des minerais à dos d'homme. Des Indiens, presqu'entièrement nus, apportaient ainsi de 300 à 400 livres de ce minerai, enveloppé dans un sac de toile grossière qui se prolongeait de façon à s'appliquer autour de leur front ; ils allaient chercher cette charge à 100 ou 120 mètres de profondeur, dans des galeries étroites où la chaleur atteint et dépasse même 40° centigrades : ils arrivent haletants et inondés de sueur. Comme rémunération de ce travail ils avaient, à la Paz, la moitié du minerai transporté par eux; mais ils vendent forcément leur part au propriétaire de la mine auquel appartient souvent la seule *hacienda de beneficio* de la contrée, et qui s'arrange alors de façon à ne pas leur laisser *la moitié* de la valeur réelle du minerai.

unes à la Luz, à Catorce [1]; ces ouvrages d'art ont acquis aujourd'hui une utilité d'un autre genre, en rendant moins coûteuse l'extraction des minerais sensiblement plus pauvres qu'autrefois qu'on y rencontre et dont on est bien obligé de se contenter.

Pendant cette période de richesse publique, tout contribue à augmenter l'animation des environs de la mine; de nombreux ouvriers arrivent pour les constructions à exécuter et s'ajoutent au nombre déjà considérable de mineurs, bien payés [2], employés aux travaux d'exploitation. De belles *haciendas de beneficio* s'élèvent dans le voisinage; toutes les transactions commerciales prennent une activité nouvelle, et un centre important de population se trouve ainsi bientôt établi dans des localités entièrement désertes peu d'années auparavant [3].

[1] Le *socabon* (galerie de mine) de la Luz a près de 1 kilomètre de longueur.

A Catorce, dans la seule mine de San-Augustin, on remarque trois grands *tiros* (puits) : un dans le *socabon* général, ceux de Milagros et de Santa-Maria.

[2] A Guanajuato, les ouvriers employés aux travaux d'extraction proprement dits (*los barreteros*), gagnent 1 piastre (5 fr. 20 c.) par jour, et les manœuvres 4 réaux (2 fr. 60 c.). Dans les *haciendas de beneficio,* on donne 4 piastres par semaine aux hommes qui dirigent le broyage du minerai : tous les autres ont 4 réaux par jour.

A Zacatecas, la solde journalière des simples mineurs est un peu plus forte et s'élève à 4 réaux et demi, en moyenne. Elle varie très-peu d'ailleurs dans les autres exploitations minières d'argent, mais devient plus considérable dans les fonderies de cuivre.

[3] Pour ne donner qu'un exemple de l'accroissement de la population par suite de la prospérité croissante des entreprises métallurgiques, nous citerons seulement Pachuca.

Vers la fin du seizième siècle, un village d'un millier d'hommes existait déjà auprès des mines de la Trinidad dont le rendement fut, en dix années, de 40 millions de piastres

Pourquoi ne pouvons-nous pas nous arrêter ici et passer sous silence la période de décadence de la mine? Elle arrive bien vite, la plupart du temps, soit parce qu'on s'est trop pressé de jouir, sans songer à l'avenir, en suivant, jusqu'à de grandes profondeurs, les veines de minerai les plus riches, soit parce que les eaux souterraines envahissent peu à peu les travaux qu'on n'a pas cherché à protéger efficacement.

Lorsqu'on ne se trouve plus en présence que de minerais relativement pauvres, qu'il faut aller chercher bien bas, en redoublant d'efforts pour l'épuisement des eaux, il est facile de concevoir que les frais d'extraction peuvent devenir énormes et absorber entièrement les revenus; alors la mine ne donne plus de résultats utiles, *no costea* [1].

Avant d'en être réduit à cette extrémité, on s'efforce de tirer, pendant quelques temps encore, un modeste revenu des mines en y mettant le travail à l'entreprise, comme on l'a fait, dans ces dernières années, d'une manière presque générale, à Guanajuato.

Les mineurs prennent alors le nom de *buscones* (chercheurs); ils font, à leurs risques et périls, l'extraction du minerai, dont il leur est attribué, comme salaire, le quart, le tiers et jusqu'à la moitié, suivant les circonstances locales.

L'insouciance naturelle des Indiens s'accommode à merveille de ces conditions qui ne les obligent pas à un travail

(208 millions de francs), somme considérable dont le sixième environ, ou 3 millions par an, était dépensé forcément sur les lieux mêmes. Après 1850, quand la célèbre mine de Rosario se trouva *en bonanza*, la population s'éleva promptement de 4000 à 12000 habitants.

Tout semble présager que Pachuca deviendrait bien vite un centre très-important de population sous l'heureuse influence de la paix et d'une organisation sociale un peu durable du Mexique.

[1] *Costear* peut se traduire par défrayer.

continu ; que leur importe d'avoir vécu pauvrement pendant des mois entiers, tant qu'ils conservent l'espérance de rencontrer, d'un moment à l'autre, un filon bien productif qui leur donnera de l'aisance pour bien longtemps ; ils ne pensent même pas à la richesse !

Il n'est pas permis d'ailleurs au propriétaire d'une mine, fût-il découragé par le peu de profit qu'il en retire, d'en cesser et même d'en interrompre trop longtemps l'exploitation, tout en en conservant indéfiniment la propriété.

Les Ordonnances royales [1] qui règlent la matière, ainsi que nous l'avons dit, posent en principe qu'on perd de droit toute concession précédemment obtenue, si, pendant quatre mois de suite, on n'a pas entretenu dans la mine au moins quatre ouvriers salariés chargés de faire, à l'intérieur ou à l'extérieur, un travail d'une utilité bien reconnue; ou bien encore si l'on n'a pas fait travailler aux mines pendant huit mois de l'année, alors même que ce chômage de huit mois aurait été interrompu par quelques jours ou quelques semaines de travail.

La personne qui dénonce ce fait d'abandon volontaire, de *désertion*, suivant le texte espagnol, et en fournit les preuves [2] peut être mise immédiatement en possession de la mine.

Ce n'est point ici le lieu de parler des nombreux accidents auxquels sont exposés les mineurs, ni des maladies spéciales [3] qu'ils contractent souvent par suite du travail

[1] *Reales ordenanzas*, etc., titulo IX, art° 13.

[2] *Reales ordenanzas*, etc., titulo IX, art° 14. Les articles 14 et 15 sauvegardent d'ailleurs, avec beaucoup de justice, les intérêts des anciens propriétaires qui auraient momentanément épuisé leurs ressources pour faire exécuter de grands travaux, et réservent en outre tous les cas de force majeure.

[3] Parmi ces maladies, il en est surtout une qui ne pardonne pas : on dit à Fresnillo, d'un ouvrier qui en est atteint, qu'il est *esmerilado* (frotté à l'émeri). Les symptômes généraux en sont une maigreur extrême, un teint pâle et blafard, une

exagéré auquel ils se livrent, du long séjour qu'ils font dans un air plus ou moins vicié et ayant une température élevée.

Il ne faut cependant pas croire que, dans les mines d'argent du Mexique, il se produise en abondance des gâz délétères [1]; l'atmosphère en est surtout altéré par la respiration des mineurs, par la combustion des chandelles de suif employées à l'éclairage des travaux, par les gaz que dégage la poudre [2] dont on se sert pour détacher des

respiration très-courte, une oppression continuelle et de violentes palpitations de cœur. Les malades ne vivent pas longtemps dans cet état d'anémie.

[1] Il n'y a lieu de faire d'exception que pour un petit nombre de mines, comme celles de Tasco, par exemple, dont la gangue calcaire peut être décomposée en partie par des infiltrations de sulfates métalliques contenant un excès d'acide, et dégager alors de l'acide carbonique.

[2] L'emploi de la poudre, dans les mines, occasionne de nombreux accidents, par suite de la négligence et de l'incurie des mineurs qui, par exemple, ne manquent jamais de se servir de leurs pinces en fer pour faire le bourrage des trous qu'ils ont remplis de poudre, lesquels trous sont le plus souvent percés dans du quartz.

La quantité qu'ils en consomment chaque jour dépend de la dureté de la roche et de l'habileté dont eux-mêmes font preuve. A Charcas cette quantité s'élève, par semaine, à 10 arrobes ou 115 kilos, pour trois concessions. Elle est plus considérable, comme on devait s'y attendre, à Guanajuato où elle atteint, par semaine, le chiffre de 100 à 120 quintaux (de 46 kilos), c'est-à-dire de 4600 à 5520 kilogrammes.

Voici, du reste, les valeurs les plus ordinaires des charges de poudre employées pour des trous de mines (*barrenos*), dont la longueur est variable :

Pour	1/4 de vare,	la charge	est de	6	onces,
—	1/3	—	—	7	—
—	1/2	—	—	9	—
—	2/3	—	—	13	—
—	3/4	—	—	15	—
—	1 vare	—	—	24	—

fragments de la roche métallifère, et par quelques miasmes d'origine organique qui échappent à l'analyse chimique.

Aussi, en général, n'a-t-on pas eu besoin d'y entreprendre de travaux bien coûteux pour l'aérage et la ventilation [1]. Peut-être même ne se préoccupe-t-on pas toujours assez d'assainir autant que possible ces travaux souterrains.

DES DIFFÉRENTS MODES DE TRAITEMENT DES MINERAIS D'ARGENT.

Lorsque le minerai est extrait de la mine, on lui fait subir d'abord un premier triage pour le séparer en trois catégories : en minerais riches, minerais ordinaires, et minerais pauvres qui portent le nom de *tepetates*.

Les premiers sont portés de suite à l'*hacienda de beneficio;* les seconds sont souvent soumis à un nouvel examen [2]; et les derniers enfin sont réunis en tas irréguliers dans le

[1] Nous avons vu employer, pour cela, un procédé bien simple qui donne de bons résultats. On fait descendre le plus bas possible, dans la mine, un long cylindre en toile qui est maintenu bien ouvert par une série d'anneaux en gros fil de fer, placés de distance en distance.

La différence de température entre l'air du fond de la mine et l'air extérieur suffit pour produire un fort courant ascendant.

Le tuyau s'élève un peu au-dessus de l'orifice du puits principal et est orienté par une girouette, de façon à ce que l'action du vent ne contrarie pas la sortie de l'air qui arrive de la mine.

[2] Des ouvriers appelés *quebradores* (briseurs) sont chargés de casser ces pierres avec des marteaux pour en séparer les parties les plus riches de celles qui ne sont autre chose que de la gangue. Le minerai de la première catégorie passe aussi entre les mains des *quebradores* quand il a été apporté de la mine en morceaux trop volumineux.

voisinage de la mine, et y forment ces amas de terre quelquefois si énormes que les mineurs appellent *terreros*[1].

Le minerai est soumis en premier lieu à un broyage mécanique qui a pour objet de le réduire en poudre fine, afin que dans le traitement qu'il subira ensuite aucune de ses parties ne puisse échapper aux réactions chimiques qui y mettront le métal en liberté.

Cette réduction des minerais en poudre ne s'obtient pas du premier coup; on porte d'abord ceux-ci dans des *morteros* (mortiers ou bocards)[2] qui le brisent en morceaux

[1] Le minerai qui forme ces *terreros* ne contient pas en général assez de métal pour être exploité avec avantage : les frais de traitement, le broyage mécanique seul, dans certains cas, devant coûter plus d'argent que le minerai n'en pourrait donner. Il est donc permis de douter qu'on puisse jamais en tirer grand parti, excepté dans quelques localités, où, du temps de la *bonanza* de la mine, on a pu mettre provisoirement de côté et jeter aux *terreros* un minerai ne méritant pas d'être tout à fait dédaigné.

La quantité d'argent qui reste dans les *terreros* est très-considérable cependant et bien de nature à tenter les spéculateurs; à Fresnillo, aux approches de la *hacienda nueva*, on rencontre un de ces amas de minerai abandonné qui, tout pauvre qu'il est, renferme encore, comme il est facile de le calculer en en mesurant le volume, plus de 1 million de piastres, plus de 5 millions de francs!

[2] Un *mortero* se compose, d'ordinaire, d'une série de pilons prismatiques en bois, de grandes dimensions, ferrés à leur partie inférieure, qu'on nomme *mazos;* chacun d'eux reçoit son mouvement de va-et-vient d'un arbre à cames actionné par un moteur quelconque, et retombe de tout son poids sur une épaisse plaque de fer encastrée dans une grosse pièce de bois.

Les dispositions adoptées pour ces bocards sont très-variables. Voici, à cet égard, quelques données prises dans une usine bien organisée et bien conduite.

Chaque pilon ou bocard pèse 150 kilogr. et bat quarante-

de la grosseur d'un gros pois environ (en *granza*); ensuite commence le travail des *tahonas* [1] (moulins).

On y apporte le minerai bocardé qu'on mélange avec

cinq coups par minute; chaque mortier comprend trente-deux pilons qui marchent rarement tous à la fois.

Le service d'un mortier n'exige pas moins de dix-huit ouvriers, divisés en brigades de jour et de nuit, formées chacune de huit manœuvres et de un chef d'atelier.

Chaque mortier peut concasser, terme moyen, cent quarante-quatre charges de 14 arrobes de minerai par jour, soit environ de 23 à 24000 kilogrammes de minerai.

[1] Une *tahona*, qu'on appelle plus communément encore un *arrastre* (mot qui vient de *arrastrar*, traîner), se compose d'un grand baquet cylindrique, de peu de profondeur, pavé en pierres dures, tantôt encastré dans le sol de l'usine, tantôt formé d'un massif en maçonnerie entouré de douves en bois qui s'élèvent un peu au-dessus de celui-ci. Au centre est placé un arbre vertical traversé, à une hauteur convenable, par deux pièces de bois se coupant à angle droit et formant quatre bras nommés *cruces* (croix) : ces bras supportent, au moyen de courroies, et traînent, sur le fond du baquet, quatre grosses pierres très-dures, de forme prismatique, dont le poids varie de 8 à 10 quintaux (368 à 460 kilos) et qui prennent le nom de *voladoras* (qui volent). Ces pierres sont disposées de telle manière que lorsqu'elles ont pris un mouvement de rotation, les différents points de la surface du fond du baquet sont successivement soumis à leur action. Presque partout les *arrastres,* plus ou moins grossièrement installés, sont pourvus d'un manége formé tout simplement au moyen de deux *espeques,* deux longs bras qui traversent l'arbre vertical. On y applique de préférence des mules : chaque appareil exige deux relais de deux animaux dont on estime que le travail est à peu près le même que celui d'un cheval-vapeur.

Un arrastre bien construit, de grandes dimensions, coûte 75 piastres (390 francs) et peut moudre jusqu'à 19,5 quintaux (897 kilog.) de minerai par vingt-quatre heures. On en rencontre qui ne peuvent en broyer que de 6 à 8 quintaux (de 276 à 368 kilog.) dans le même temps.

une quantité d'eau assez grande pour transformer celui-ci, en définitive, en une boue très-liquide qui porte le nom de *lama*.

Le traitement proprement dit des minerais d'argent ne commence qu'après qu'ils ont subi ces préparations mécaniques préliminaires.

Ce traitement peut avoir lieu par des procédés différents qui dérivent tous, cependant, du même principe théorique : former avec l'argent et un métal convenablement choisi, un alliage fusible, ayant d'ailleurs une densité assez grande pour se séparer facilement des gangues.

C'était déjà ainsi, quoiqu'ils ne s'en rendissent pas bien compte, sans nul doute, qu'opéraient, de 1545 à 1571, les Indiens des environs de Potosi, suivant ce que raconte M. de Humboldt.

Ils jetaient, couche par couche, du minerai d'argent pulvérisé, de la galène (sulfure de plomb) et du charbon dans des fourneaux portatifs appelés *huayres*, espèces de tuyaux cylindriques d'argile très-larges et percés d'un grand nombre de trous. Le courant d'air qui y pénétrait par ces trous activait la flamme et lui donnait une grande intensité [1].

Les sulfures de plomb et d'argent, transformés d'abord partiellement en oxyde par la combustion du soufre, étaient ensuite réduits par le charbon ; les deux métaux s'alliaient, et, à cause de sa densité considérable, l'alliage en fusion gagnait la partie basse du fourneau, où il formait ce que nous nommons aujourd'hui des mattes argentifères, tout naturellement séparées des scories.

Pour isoler l'argent du plomb, ces mêmes Indiens usaient d'un procédé tout aussi primitif ; ils refondaient dans leurs

[1] « Les premiers voyageurs qui ont visité les Cordillères, » dit M. de Humboldt, « parlent tous avec enthousiasme de » l'impression que leur avait laissée la vue de plus de six mille » de ces feux qui éclairaient la cime des montagnes autour de » la ville de Potosi. »

jacalitos (cabanes), les résidus de la première fusion du minerai, en faisant souffler le feu par dix ou douze d'entre eux, à la fois, au moyen de tuyaux en cuivre d'un ou de deux mètres de long, percés à leur extrémité inférieure d'un très-petit trou [1].

Ils obtenaient ainsi, plus ou moins complétement, les résultats réalisés bien plus tard, avec une grande perfection, par la coupellation de l'argent, fondée, comme on le sait, sur ce que le plomb en fusion est bien plus aisément oxydable que l'argent, et sur la grande fusibilité des oxydes de plomb.

Le plomb est donc le premier métal qu'on a cherché, instinctivement, pour ainsi dire, à allier à l'argent pour obtenir ensuite ce dernier métal à l'état de pureté.

Traitement par fusion. — On se sert encore de ce procédé, au Mexique, pour quelques minerais très-riches [2], à base de sulfure d'argent. On soumet ceux-ci préalablement à un grillage qui décompose les sulfures métalliques, puis on les fond en y ajoutant du plomb, s'ils n'en contiennent pas en quantité suffisante; le résultat de cette fonte donne un plomb argentifère qu'on traite par la coupellation. On est souvent dans la nécessité d'appliquer aussi cette manière d'opérer, très-coûteuse, comme nous le dirons plus loin, au traitement de certains minerais qu'on nomme *rebeldes* (rebelles), parce qu'il est difficile en effet d'en extraire l'argent; cela tient à ce qu'ils contiennent à la fois beaucoup de métaux étrangers,

[1] N'est-ce pas là, à vrai dire, un premier emploi du chalumeau?

[2] Il est de règle qu'un minerai doit contenir au moins 0,443 de marc d'argent pour un quintal de pierre, pour pouvoir être traité ainsi (environ 2 millièmes en poids).

La quantité totale d'argent obtenue par la fusion n'a jamais guère été et n'est guère encore aujourd'hui, au Mexique, que le quart ou le cinquième de celle que donne l'amalgamation.

du cuivre, du fer, du zinc, du nickel, du cobalt, de l'arsenic, de l'antimoine et plusieurs matières terreuses. Le grillage auquel on soumet tout d'abord ces minerais fait passer les différents métaux à l'état d'oxydes, à l'exception de l'argent, et volatilise sans doute l'oxyde d'antimoine qui a pu être produit; il convertit le soufre en acide sulfureux qui se dégage, et en acide sulfurique qui reste uni aux bases, à l'oxyde de plomb ou à la chaux de préférence; il transforme l'arsenic en acide arsénieux qui s'échappe dans l'atmosphère et en acide arsénique qui forme des arséniates des divers métaux. Il semblerait donc possible, à priori, d'appliquer ensuite la fonte avec du plomb aux résidus de ce grillage; mais cela ne réussit pas toujours dans la pratique.

Nous ne pouvons entreprendre de donner ici une idée, même très-incomplète, des difficultés qu'on rencontre quand on a affaire à ces *rebeldes,* ni des pertes d'argent métallique sur lesquelles il faut compter dans ce cas.

Nous renverrons donc aux Traités spéciaux ceux qui voudraient approfondir ce sujet, ou bien qui désireraient étudier, dans tous leurs détails, les traitements des minerais de plomb ou de cuivre argentifères.

Ces derniers ne présentent, au Mexique, aucune particularité digne d'intérêt, et ne rentrent par conséquent pas dans le programme que nous nous sommes tracé.

Amalgamation. — On attribue généralement à un mineur intelligent, Bartholomè de Medina, qui vivait à Pachuca au milieu du seizième siècle, l'idée féconde d'employer le mercure au lieu du plomb pour extraire l'argent de ses minerais.

Les avantages qui devaient en résulter se présentaient tout naturellement à la pensée; l'amalgame d'argent étant liquide à la température ordinaire, l'intervention de la chaleur et l'emploi des combustibles, par suite, devenaient inutiles, considération d'une importance majeure pour un pays dans lequel le bois à brûler et le charbon de pierre sont si rares; la densité et la liquidité de l'amalgame allaient permettre de le séparer lui-même des gangues par de simples lavages; de plus, il devenait évidemment possible d'opérer à la fois sur de très-grands volumes de matière; enfin, le mercure se volatilisant à une température peu élevée, il était facile de prévoir qu'on n'aurait aucune peine à s'en débarrasser, quand le moment en serait venu.

Medina employa son procédé à la *hacienda de la Purisima* (de la très-sainte Vierge), à Pachuca, en 1557.

On s'en servit au Pérou dès 1561.

L'amalgamation eut un succès immense dans le nouveau monde [1]; elle n'a pour ainsi dire fait aucun progrès nouveau depuis cette époque reculée.

Le baron de Born introduisit, en 1786, cette méthode nouvelle dans la vieille Europe; elle fut adoptée en Hongrie d'abord, puis, six ans plus tard, à Halsbrücke, près de Freyberg, en Saxe.

On a, au Mexique, différentes manières de l'appliquer, ce sont principalement : l'amalgamation de *caso* [2] (mot à mot, à la casserole, à la chaudière); l'amalgamation *por toneles* (par les tonneaux ou les barils); l'amalgamation *por patio* (dans la cour ou sur l'aire).

[1] On pourra juger de l'enthousiasme des compatriotes de Medina par cette phrase d'un auteur mexicain, que nous traduisons fidèlement :

« Il fallait qu'aux noms illustres de Christophe Colomb, » d'Isabelle la Catholique, de Charles V, de Fernand Cortez, » vînt s'ajouter celui non moins illustre de Bartholomé de » Medina. Quoique Cortez eût fait la conquête du monde de » l'or et de l'argent, sans Medina le Mexique n'eût point donné » ces immenses quantités de métaux précieux, etc... »

[2] Les expressions consacrées de *caso, toneles, patio*, perdraient trop à être traduites, et nous demandons la permission de les conserver telles quelles dans l'exposé succinct qui va suivre.

Amalgamation au caso. — Ce traitement ne peut être employé que pour des minerais renfermant, avec de l'argent natif, des chlorure, bromure, iodure d'argent, composés moins stables que le sulfure.

Il est des plus simples; on place dans une chaudière en cuivre le minerai en poudre avec de l'eau et du mercure; on chauffe pendant un jour ou deux, pendant le temps nécessaire enfin pour que le chlore et les métalloïdes qui l'accompagnent abandonnent tout l'argent.

On a cherché à expliquer d'une façon bien élémentaire ce qui se passe dans le *caso :* le chlore formerait avec le mercure un protochlorure de mercure, décomposé ensuite en partie par le métal dont est formé le récipient.

Cette réaction ne pouvant avoir lieu à la température ordinaire, on aurait été tout naturellement conduit à faire intervenir l'influence de la chaleur sur le développement des affinités.

Mais tout porte à croire qu'il y a là plutôt un de ces phénomènes d'électro-chimie, si répandus, à notre insu, dans la nature entière; il semble plus que probable que par le contact des métaux différents, argent, mercure, cuivre, il doit se produire dans la masse des courants électriques, venant contribuer efficacement au résultat final, et sans lesquels la décomposition du minerai n'aurait évidemment pas lieu dans les mêmes conditions.

La preuve en est bien facile à fournir, sans en appeler même aux savantes expériences de M. Becquerel.

Si, en effet, tout le chlore engagé dans une combinaison avec l'argent, devait transformer soit le mercure, soit le cuivre, en chlorures, il en résulterait ou une dépense énorme de mercure [1], ou une usure très-prompte du *caso.*

[1] D'après les équivalents chimiques le chlore, allié à 100 d'argent, devrait, en abandonnant ce métal, absorber, faire perdre par suite, 187 de mercure, en faisant passer celui-ci à l'état de protochlorure de mercure.

Or, l'expérience journalière montre que ni l'un ni l'autre inconvénient ne se produisent, et qu'au contraire, en ce qui concerne le mercure, la perte en est notablement moindre que dans tous les autres procédés d'amalgamation; dans une opération bien conduite, au *caso*, cette perte ne dépasse guère 6 à 8 pour cent du poids de l'argent obtenu.

Il y a beaucoup de minerais chlorurés, d'une composition moins simple [1], desquels on ne parvient à extraire qu'imparfaitement, par ce moyen, l'argent qu'ils renferment; on a l'habitude alors d'en retirer d'abord tout ce qu'on peut de métal, par le traitement au *caso*, et de les travailler ensuite au *patio*, comme nous allons l'indiquer bientôt.

La décomposition du minerai d'argent dans le *caso* donne, en définitive, un amalgame d'argent mêlé de mercure qu'il reste à traiter pour en séparer l'argent pur.

On filtre d'abord tout le métal liquide recueilli au travers d'une peau de chamois (*gamuza*) ou d'une étoffe serrée de toile ou de coton (*lona*).

On porte ensuite l'amalgame solide, la *pella*, aux usines de distillation [2]; là le mercure est simplement volatilisé

[1] Le minerai extrait de la mine de la Paz, près de Matchuala, est dans ce cas; il donne, par les deux traitements successifs, 6 pour cent d'argent environ; les frais généraux s'élèvent aux cinq sixièmes du produit réalisé, de sorte qu'on a une piastre d'argent de bénéfice net sur six piastres obtenues dans l'exploitation.

[2] Au moyen de moules en fer, de forme prismatique, on prépare des marquettes d'amalgame qu'on place sous une cloche hémisphérique en cuivre, la *capellina*. Les lingots d'argent (*barras*) qu'on en retire à la fin de l'opération sont apportés tels quels aux hôtels des monnaies.

Les mineurs de Guanajuato ont la spécialité de modeler, avec l'amalgame solide d'argent, des personnages, des animaux, des arbres, de petits groupes très-curieux, qu'ils vendent aux amateurs après les avoir soumis à la distillation sous la *capellina*. Ce sont alors de petites masses d'argent poreux.

par l'action d'un feu violent [1], et soigneusement recueill[i] ensuite dans une bâche d'eau froide où ses vapeurs viennent se condenser.

Amalgamation por toneles. — On commence pa[r] griller dans des fourneaux à reverbère le minerai pulvérisé en y ajoutant de 2 à 6 pour cent de sel marin.

On passe le tout au tamis, pour obtenir une poudr[e] très-fine qu'on introduit dans les *toneles,* sortes de baril[s] traversés par un axe en fer, qui reçoivent d'une machin[e] motrice quelconque un mouvement de rotation.

Dans chaque baril on met 500 kilogrammes de minerai, 150 kilogrammes d'eau et 50 petites plaques de fer. O[n] fait tourner douze heures, après lesquelles on examin[e] attentivement l'état de la matière; on y ajoute, si tout va bien, 150 livres de mercure, et l'on recommence à mettre les *toneles* en mouvement pendant vingt-deux heures.

On peut après cela en retirer l'amalgame qu'on filtre et dont on volatilise le mercure, à l'ordinaire [2].

Pour éviter les redites, nous ne chercherons pas à nous expliquer encore comment on obtient, par les *toneles,* une grande économie dans la consommation du mercure, ni comment, malgré l'emploi de machines motrices et opératrices, ce mode de traitement n'est guère plus cher que le procédé économique par excellence, celui du *patio,* dont il nous reste à parler.

Amalgamation au patio. — Reprenons la boue liquide, la *lama,* que nous avons vu [3] comment on prépare dans les *arrastres,* et portons-la sur une aire bien pavée, bien dallée, le *patio,* où nous la verserons dans de grands

[1] La température d'ébullition du mercure est de 350°.

[2] Pour que le traitement *por toneles* d'un minerai d'argent soit possible, économiquement parlant, il faut que celui-ci renferme au moins 0,056 de marc d'argent par quintal de minerai, environ trois dix-millièmes en poids.

[3] Page 52.

cadres en bois pour laisser s'évaporer à l'air l'eau excédante.

Quand la matière a pris une consistance convenable, ce qui n'est jamais bien long, le soleil et l'altitude aidant [1], on enlève les pièces de bois qui la maintenaient, et on a alors ce qu'on appelle une *torta* (mot à mot, une omelette, une tourte).

On jette à la surface du sel marin, dans la proportion de 2 à 6 pour cent, et on en effectue la répartition à peu près égale dans la masse en faisant piétiner celle-ci, pendant six ou huit heures, par des chevaux ou des mules travaillant en cercle [2].

On ajoute ensuite le *magistral* [3], dont la quantité varie

[1] On ne doit pas perdre de vue que les mines sont situées en général sur des points très-élevés, au moins à 2000 ou 2200 mètres au-dessus du niveau de la mer, souvent davantage.

Fresnillo a une altitude de 2598 vares (2177^{m},12); la Veta-Grande, de 3073 (2575^{m},17), et la ville de Zacatecas elle-même de 2868 vares (2403^{m},38). Le Real del Cedral est à 2706 vares (2267^{m},63) au-dessus du niveau de la mer; les principales usines de Catorce, le socavon de Dolores, le tiro de Milagros, le tiro de la Purisima, le socavon de Refugio, et enfin le tiro de Santa-Anna en sont respectivement à 3122 vares (2616^{m},24), 3287 vares (2754^{m},50), 3531 vares (2808^{m},14), 3120 vares (2614^{m},56) et 3310 vares (2773^{m},78).

A Real del Monte cette altitude atteint 3212 vares (2691^{m},65); le baromètre n'y donne, en moyenne, que 0^{m},5557 seulement.

[2] Quelquefois on réserve à des manœuvres le soin de pétrir à la pelle les boues métalliques et on en forme, dans ce cas, des tas (*montones*) de 15 à 20 quintaux seulement; lorsqu'on se sert, au contraire, de chevaux ou de mules, les *montones* peuvent renfermer jusqu'à 1200 quintaux de minerai (de 46 kilogrammes chacun).

[3] Le choix du *magistral* est très-important. On nomme ainsi des pyrites de cuivre qui ont été grillées dans un four à reverbère et qu'on a laissé se refroidir lentement et tenant le four-

de une demi-livre à une livre par quintal de minerai, et l'on procède à un nouveau mélange mécanique, par l'action des animaux.

On n'a plus alors qu'à introduire dans la *torta* le mercure, dont le poids doit être égal, en général, à six fois au moins le poids de l'argent qu'on compte obtenir. (La règle des mineurs est qu'il faut trois livres de mercure par marc ou par demi-livre d'argent.)

On ne met pas ce mercure tout à la fois, d'un seul coup.

On en verse d'abord le tiers seulement, et quand les chevaux ont travaillé sur la *torta* pendant dix, quinze, vingt jours de suite, on examine avec soin celle-ci pour s'assurer si les proportions adoptées pour le sel, le magistral, sont bonnes ou pour les modifier, s'il y a lieu [1].

neau bien fermé : elles contiennent, par conséquent, une certaine quantité de sulfate de cuivre dont nous dirons quel est le rôle dans les réactions chimiques qui vont se produire sur le *patio*. A défaut de pyrites cuivreuses on emploie, en quelques endroits, des pyrites de fer auxquelles on ajoute, avant de les soumettre au grillage, un peu de cuivre ou de mine de cuivre; mais on n'a, dans ce dernier cas, qu'un magistral de qualité médiocre dont il faut employer des doses plus fortes.

Les pyrites sont tellement abondantes dans la nature qu'il est assez rare, au Mexique, que tout à côté des grandes exploitations minières on ne rencontre pas des gisements de pyrites très-convenables pour faire un bon *magistral* Au reste maintenant qu'on a bien reconnu que c'est le sulfate de cuivre qui agit dans ces réactions, on se contente bien souvent d'employer ce sulfate même et de le faire venir à l'état de pureté des usines où on le prépare. Nous pourrions citer plusieurs établissements où l'on traite ainsi les pyrites de cuivre par le grillage pour en obtenir du sulfate cristallisé (Matehuala, La Providencia, etc.)

[1] On ajoute quelquefois un peu de chaux, s'il y a excès de *magistral*. On se rendra mieux compte tout à l'heure de l'inconvénient qu'il y aurait à laisser, dans la *torta*, des sels

L'amalgame, la *limadura*, qu'on peut recueillir dès ce moment, est presque solide, brillant, et très-divisé.

Après l'addition du second tiers de mercure, et après qu'on a fait travailler de nouveau les animaux pendant plusieurs séances, on obtient une amalgamation presque complète; et le troisième tiers du mercure, qu'on nomme *le bain,* ne semble plus avoir guère d'autre objet que de rendre l'amalgame plus liquide et d'en faciliter le lavage.

Ce lavage s'exécute dans des *tinas* (cuves) cylindriques ayant environ deux mètres de diamètre ainsi que de hauteur.

Un arbre vertical placé au centre porte un certain nombre de bras qui mettent la matière en suspension dans l'eau, tout en la divisant, quand l'arbre lui-même reçoit un mouvement de rotation d'un manége attelé de deux mules.

En vertu de sa pesanteur spécifique plus considérable, l'amalgame se réunit au fond de la *tina;* on fait écouler les eaux bourbeuses en ouvrant à propos un orifice pratiqué sur le côté de la cuve, à une hauteur convenablement déterminée.

L'amalgame recueilli est ensuite traité comme ci-dessus.

La théorie chimique des réactions qui se produisent dans ce traitement, entre le minerai, le sel marin, le magistral, le mercure, a été donnée par M. Boussingault le premier, croyons-nous; nous la reproduisons en abrégé, sans commentaires.

Le mélange du sulfate de cuivre, apporté par le magistral, avec le sel marin, donne à froid, c'est un fait d'expérience, du sulfate de soude et du bichlorure de cuivre. Ce

de cuivre en excès, puisqu'ils absorberaient, en pure perte, une portion du mercure pour en faire du protochlorure de mercure, et qu'ils pourraient même reconstituer, très-mal à propos, du chlorure d'argent, avec un peu de l'argent déjà mis en liberté.

dernier corps attaque le sulfure d'argent, en présence d'un excès [1] de chlorure de sodium, et il se forme alors du chlorure d'argent, du sulfure de cuivre, du soufre libre et du protochlorure de cuivre.

Ce serait donc l'affinité du chlorure d'argent et du protochlorure de cuivre pour le chlorure de sodium excédant qui détermineraient la réaction.

Lorsqu'on fait agir ensuite le mercure, on décompose le chlorure d'argent dissous dans le sel marin pour obtenir du chlorure de mercure [2] et de l'amalgame d'argent.

Nous pouvons, cela posé, nous rendre compte maintenant de ce qui se passe dans le traitement par les *toneles*, dont nous avons déjà parlé.

L'action des sels cuivreux une fois accomplie, comme dans la *torta*, et le sulfure d'argent transformé en chlorure, le fer [3] intervient pour réduire le chlorure d'argent.

Le mercure n'a guère plus d'autre rôle que de rassembler tout l'argent qui a été mis en liberté.

[1] Ces explications font ressortir de quelle importance il est de ne pas trop lésiner sur la quantité de sel qu'on emploie dans ce traitement, quoique ce soit malheureusement une des substances les plus chères dont on ait à faire usage. On le tire de San Luis de Potosi, de Tampico, de Tuxpam et de divers autres points.

[2] On comprend, d'après cela, qu'il faut se résigner d'avance à une perte sèche de mercure, puisque ce métal reste engagé dans une combinaison définie. Les mineurs, qui le savent bien, ont donné à ce déficit le nom de *consumo* (consommation).

[3] L'emploi du fer pour réduire le chlorure d'argent avant l'addition du mercure avait été conseillé par M. Boussingault. En constatant ici que ses indications ont été suivies d'un succès réel dans les applications en grand, nous ne faisons que démontrer, une fois de plus, combien le Mexique aurait eu d'intérêt à recevoir, de plus près encore, les bons avis de nos ingénieurs.

Si le traitement par le *patio* est simple et peu coûteux [1], il a du moins l'inconvénient d'être un peu long.

Il suffit quelquefois sans doute de quinze ou vingt jours pour obtenir l'amalgamation, aussi parfaite que possible, mais cette opération dure souvent deux et trois mois, dans la mauvaise saison, et surtout si l'on a à traiter des minerais *rebeldes*.

Comme compensation, si le minerai n'est pas trop compliqué, pas trop difficilement attaquable par le bichlorure de cuivre, on peut en tirer parti, au *patio*, sans qu'il soit d'une grande richesse [2].

Il resterait, pour terminer ce sujet, à comparer entre eux les divers procédés d'amalgamation qui nous ont successivement occupé. Il faut bien s'entendre sur ce que nous voulons dire quand nous parlons de les comparer, car on a vu que chacun d'eux ne peut être employé indistinctement avec un minerai quelconque ; que le *caso* est spécial pour les minerais chlorurés, comme le *patio* pour les sulfures.

Quant aux *toneles*, d'après ce que nous en avons dit, il semblerait peut-être qu'ils ne sont applicables qu'à des minerais d'argent renfermant, comme gangue, une certaine

[1] A Charcas, pour une *torta* de 40 *montones* (tas) de 20 quintaux chacun, de 800 quintaux de minerai par conséquent, on employait, en 1865, de 4 à 5 mules seulement, travaillant, pendant douze à quinze jours, deux à trois heures tous les matins après le lever du soleil.

Les praticiens attribuent à la lumière solaire une très-grande influence sur la rapidité avec laquelle marchent les réactions chimiques dans les *tortas*, ce qu'il est facile de comprendre, soit qu'on l'attribue à la chaleur plus grande ou au développement plus intense de forces électriques.

[2] Dans cette même ville de Charcas, nous avons vu traiter au *patio*, avec un beau bénéfice, des minerais très-pauvres, ne donnant que 3 marcs d'argent pour 20 quintaux de pierre ou quinze vingt millièmes à peu près du poids du minerai.

Cela tient, il faut le dire, à ce qu'à Charcas on a le bois

quantité de pyrites cuivreuses susceptibles de devenir, par le grillage, une sorte de magistral. Mais il est facile de comprendre, qu'en fût-il autrement, il ne serait pas impossible, dans bien des cas, de préparer le mélange à placer dans les barils, de façon à utiliser la dernière et la plus importante partie de ce procédé français, basé sur l'emploi du fer pour réduire le chlorure d'argent dissous dans le chlorure de sodium.

Dans l'application de ces diverses méthodes, on a toujours à supporter une perte d'argent et une perte (*consumo*) de mercure.

Quant à l'argent, d'abord, il faut entendre par perte la différence entre la quantité d'argent recueillie dans un poids donné de minerai, et celle qu'on aurait dû obtenir d'après les résultats des essais faits à l'avance sur des échantillons du même minerai.

Cette perte est évidemment due à la difficulté qu'on éprouve à faire avec exactitude l'essai de masses aussi considérables, aussi peu homogènes ; il faut y faire entrer, en outre, en ligne de compte, les pertes mécaniques, l'insuffisance du sel employé pour chlorurer l'argent, et enfin les combinaisons de second ordre dans lesquelles une petite partie de l'argent peut rester engagé.

presque pour rien, à 3 réaux (1 fr. 95 c.) la charge de 12 arrobes (138 kilog.), tandis qu'ailleurs on le paye jusqu'à 10 et 12 réaux (6 fr. 50 c. et 7 fr. 80 c.) ; à ce que l'eau, pour les lavages, y arrive, sans frais, en très-grande abondance ; à ce qu'enfin un magistral excellent peut être recueilli tout à côté des minerais d'argent.

Dans plusieurs autres localités on nous a dit et répété qu'un minerai ne valait pas la peine d'être exploité, même au *patio*, s'il ne pouvait rendre au moins 0,059 de marc par quintal, ce qui ne ferait que trois dix millièmes environ.

Il est évident que cette richesse limite ne peut être fixée *à priori* et doit dépendre, dans chaque cas, des circonstances locales.

Pour ne pas avoir de mécompte, après avoir essayé dans un laboratoire un minerai d'argent quelconque, l'expérience montre qu'il est prudent d'admettre qu'on *perdra*, en moyenne, 6 pour cent du métal accusé par l'essai, dans le traitement par la fonte, 15 pour cent au *patio*, et jusqu'à 16 et même 20 pour cent dans les *toneles*, si l'on a affaire à des minerais *rebeldes*, lesquels, au reste, perdraient bien davantage encore au *patio*.

Les pertes de mercure sont bien plus considérables.

On comprend d'abord combien il est difficile de laver bien exactement les terres au milieu desquelles l'amalgame ou le mercure pur se trouvent répandus en très-petits globules. On peut remarquer, dans toutes les usines, quantité de ces sphères métalliques, presque microscopiques, auxquelles adhèrent, comme pour les soutenir, de nombreuses bulles d'air, et qui viennent flotter à la surface des eaux de lavage par lesquelles elles sont entraînées en assez grand nombre.

Il arrive aussi qu'une petite quantité de mercure s'oxyde en présence de l'air, de l'eau et du chlorure de sodium, pour passer ensuite à l'état de protochlorure ; mais ce qui occasionne, dans la proportion de beaucoup la plus forte, la consommation du mercure, c'est, nous l'avons déjà indiqué, la décomposition chimique du chlorure d'argent par le mercure.

Dans la distillation, sous la *capellina*, on perd encore un peu de mercure, soit que ses vapeurs ne puissent pas être toutes recueillies et condensées, soit qu'il reste dans le lingot (la *barra*), une petite quantité de métal qui ne disparaît tout à fait ensuite que par la mise en œuvre de ce lingot dans les hôtels des monnaies.

On a déjà vu [1] qu'au *caso* on ne perd, dans les conditions les meilleures, que 6 à 8 pour cent de mercure ; cette perte s'élève à 20 pour cent, en moyenne, pour les *toneles*, à 130,

[1] Page 57.

150 et même 200 pour cent, au *patio*, pour les minerais d'un traitement de plus en plus difficile.

Ces chiffres expliquent bien quelle a dû être, de tout temps, l'importance de la consommation du mercure au Mexique et à quelle somme énorme doit se monter la valeur commerciale de celui qui y a été employé jusqu'à nos jours.

En prenant pour point de départ le chiffre de 88000 tonnes auquel nous sommes arrivé pour la production totale de l'argent [1]; en admettant que la consommation moyenne de mercure ait été de 120 à 125 pour cent seulement, et en tenant compte enfin de la proportion qui existe [2] entre les minerais traités par fusion et par amalgamation, nous arriverions à conclure que le poids du mercure consommé a dû être, à très-peu près, égal à celui de l'argent produit, à 88000 tonnes ou près de 2 millions de quintaux [3].

Ce résultat semble se rapprocher beaucoup de la vérité; on peut y arriver, au reste, par d'autres considérations.

Nous avons vu, en effet [4], quelle est approximativement, de nos jours, l'importation moyenne annuelle du mercure au Mexique, par l'Océan Pacifique : c'est beaucoup assurément, d'après cela, que de la fixer, pour le passé, à 300000 kilos, ou 300 tonnes, année courante; et cette hypothèse nous donnerait, comme ci-dessus, un grand maximum de 90000 tonnes pour les trois siècles qui se sont à peine écoulés depuis la mise en exploitation régulière des mines du Mexique par les Espagnols [5].

[1] Page 23.

[2] Note de la page 53.

[3] En admettant comme prix moyen du mercure le chiffre de sa valeur actuelle, à New-Almaden, 6 fr. 50 c. le kilo, la valeur totale de ces 88000 tonnes serait de 572 millions de francs.

[4] Note de la page 20.

[5] Il est facile, d'après cela, de reconnaître que quelques auteurs sérieux sont tombés dans une grande exagération.

Il ne nous reste plus[1], maintenant, qu'à jeter rapidement un dernier coup d'œil sur le vaste territoire mexicain pour indiquer de quelle manière s'y répartissent non-seulement les mines d'argent, mais aussi celles d'autres métaux utiles dont le traitement a lieu, dans le Nouveau Monde, tout à fait comme en Europe, et ne doit par conséquent pas nous occuper ici.

Voici d'abord sa division en cinquante départements.

lorsqu'il y a vingt-cinq ans déjà, ils estimaient, sans données bien certaines, il est vrai, à 6 millions de quintaux, ou à 300 000 tonnes, le poids du mercure absorbé au Mexique par l'amalgamation des minerais d'argent.

[1] Nous omettons volontairement de parler de la séparation de l'or et de l'argent, malgré toute l'importance de cette opération que les particuliers pouvaient autrefois entreprendre à leur gré, en vertu d'une loi du 20 février 1822, abrogée, en 1841, par le décret qui créa, à l'hôtel des monnaies de Mexico, une usine de *apatardo* (séparation).

A l'exception des mines de Tasco, de Catorce et d'une partie de celles de Zacatecas, presque toutes les mines du Mexique donnent de l'argent plus ou moins aurifère.

On ne traite, dans les usines de *apartado* (il y en a plusieurs aujourd'hui, à Mexico, à Guanajuato, à Durango, etc....), que les lingots qui renferment une proportion d'or supérieure à 1 millième et demi ou 2 millièmes.

Les autres lingots sont transformés en monnaie.

Si l'on remarque qu'en Europe, à Paris par exemple, où l'on se procure à très-bas prix l'acide sulfurique qui est employé dans cette manipulation, on a encore bénéfice à traiter, pour en séparer l'or, un argent qui n'en contient qu'un millième, on s'expliquera aisément la faveur dont les *piastres* ont joui pendant longtemps dans notre pays, où elles ont formé un véritable objet de commerce.

On pourrait trouver dans ce fait une première raison de penser que le gouvernement du Mexique rendrait le plus grand service à cette industrie minière, en souffrance aujourd'hui, s'il permettait la libre exportation, *en lingots*, de l'or et de l'argent.

NUMÉROS.	DÉPARTEMENTS.	SUPERFICIE en lieues carrées.[1]	POPULATION en 1865.	NOMBRE d'habitants par lieue carrée.	CHEFS-LIEUX ou CAPITALES.	POPULATION des chefs-lieux en 1865.	POSITION GÉOGRAPHIQUE des CHEFS-LIEUX. Latitude nord.	Longitude de Mexico.[2]
I	Yucatan........	4902	263547	53,76	Mérida..............	24000	20°55′15″	9°26′17″ E
II	Campeche......	2975	126368	42,47	Campeche...........	15500	19 50 45	8 36 10 E
III	La Laguna......	1685	47000	27,89	El Carmen..........	5000	18 39 00	7 17 3 E
IV	Tabasco........	1905	99930	52,45	San Juan Bautista.....	6000	17 40 30	6 8 38 E
V	Chiapas.........	1871	157317	84,04	San Cristobal.........	10500	16 34 55	6 30 33 E
VI	Tehuantepec....	1999	85275	42,65	Suchil..............	» »	17 23 30	3 57 20 E
VII	Oajaca.........	1839	235845	128,24	Oajaca..............	25000	17 3 17	2 27 29 E
VIII	Ejutla..........	1157	93875	80,96	Ejutla...............	7128	16 38 15	2 30 33 E
IX	Teposcolula.....	1352	160720	118,87	Teposcolula..........	1200	17 18 00	1 35 3 E
X	Vera-Cruz......	2119	265159	125,13	Vera-Cruz...........	10000	19 11 52	2 58 10 E
XI	Túxpan.........	1325	97940	73,90	Túxpan..............	6000	20 59 30	1 46 13 E
XII	Puebla.........	1141	467788	409,98	Puebla..............	75000	19 00 15	1 4 10 E
XIII	Tlaxcala........	1030	339571	329,06	Tlaxcala............	4000	19 20 10	1 1 22 E
XIV	México (valle de).	410	481796	1175,11	México.............	200000	19 26 12	0 00 00
XV	Tulancingo......	1030	266678	258,13	Tulancingo..........	6000	20 9 00	0 51 33 E
XVI	Tula...........	617	178174	288,77	Tula...............	5000	20 2 30	0 11 15 O
XVII	Toluca.........	1095	311855	284,79	Toluca..............	12000	19 16 40	0 27 30 O
XVIII	Iturbide........	833	157619	189,21	Tasco...............	5000	18 33 19	0 20 49 O
XIX	Querétaro.......	946	273515	289,12	Querétaro...........	48000	20 35 27	1 29 44 O
XX	Guerrero.......	1668	124836	74,84	Chilpancingo.........	3000	17 32 00	0 18 10 O
XXI	Acapulco........	1985	97949	49,34	Acapulco............	3000	16 50 19	0 42 23 O
XXII	Michoacan......	1750	417378	238,50	Morelia.............	25000	19 42 00	1 45 19 O
XXIII	Tancítaro.......	1194	179100	150,00	Tancitaro............	2000	19 9 30	2 54 57 O
XXIV	Coalcoman	993	96450	97,44	Coalcoman	3000	18 54 4	3 48 48 O

XXIX	Guanajuato......	1452	601850	414,49	Guanajuato..........	63000	21 00 50	1 47 57 O
XXX	Aguas-Calientes .	1768	433151	244,76	Aguas-Calientes.......	23000	21 49 30	3 16 2 O
XXXI	Zacatecas.......	1785	192823	108,02	Zacatecas............	16000	22 44 00	3 25 37 O
XXXII	Fresnillo........	2299	82860	36,04	Fresnillo............	12000	23 3 00	3 42 13 O
XXXIII	Potosi..........	2166	308116	142,25	San Luis............	34000	22 9 8	1 51 5 O
XXXIV	Matehuala......	2097	82427	39,30	Matehuala...........	3500	23 40 10	1 17 42 O
XXXV	Tamaulipas.....	1969	71470	36,29	Ciudad Victoria.......	6000	23 42 54	0 6 33 O
XXXVI	Matamoros......	2195	80034	18,23	Matamoros...........	41000	25 52 44	1 38 49 O
XXXVII	Nuevo-Leon.....	2379	152645	64,16	Monterey............	14000	25 40 13	1 18 50 O
XXXVIII	Coahuila........	3996	63178	15,81	Saltillo..............	9000	25 26 22	1 54 59 O
XXXIX	Mapimi.........	4528	6777	1,49	San Fernando de Rosas.	1000	28 2 00	2 15 22 O
XL	Mazatlan........	2116	94387	44,60	Mazatlan............	15000	23 11 40	7 15 39 O
XLI	Sinaloa.........	2576	82185	31,86	Sinaloa.............	9000	25 57 20	9 6 18 O
XLII	Durango........	3394	103608	30,52	Durango............	14000	24 2 50	4 52 17 O
XLIII	Nazas..........	3089	46495	15,05	Indée...............	5000	25 45 15	5 32 57 O
XLIV	Alamos.........	2657	41041	15,58	Alamos.............	6000	27 8 00	9 56 34 O
XLV	Sonora.........	4198	80129	19,08	Ures...............	7000	29 26 13	11 12 45 O
XLVI	Arizona.........	4852	25603	5,28	Altar...............	1000	30 42 46	12 37 26 O
XLVII	Huejuquilla.....	4479	16092	3,59	Jimenez.............	3000	27 7 35	6 7 14 O
XLVIII	Batopilas.......	2967	71481	27,12	Hidalgo.............	3000	26 54 40	6 51 27 O
XLIX	Chihuahua......	5341	65824	12,32	Chihuahua...........	12000	28 38 7	7 23 14 O
L	California.......	8437	12420	1,47	La Paz..............	500	24 1 15	11 7 14 O
	Totaux..	114056	8258080					

Moyenne.. 72,40 habitants par lieue carrée. [3]

[1] La lieue légale mexicaine est de 100 *cordeles*, ou de 5000 *varas* (vares), le *cordel* valant 50 vares. En mètres, elle a donc pour valeur 4185 mètres exactement.

[2] La longitude de Mexico (observatoire de l'École des mines), rapportée au méridien de Greenwich est, en temps, de 6h 36′ 28″,56. Mesurée pour la flèche de la cathédrale, elle est, en arc, 99° 6′ 45″,30 ouest, par rapport à Greenwich, et 101° 26′ 55″,3 ouest, par rapport à Paris.

[3] On sait qu'en France la population spécifique est de 69 habitants par kilomètre carré, ou de 1104 habitants par lieue carrée (de 4000 mètres de côté).

DE LA RICHESSE MÉTALLURGIQUE DES DIFFÉRENTS DÉPARTEMENTS DU MEXIQUE.

C'est dans le désir de rendre aussi claire que possible l'énumération, un peu aride peut-être, des mines exploitées ou à exploiter, dans les différentes parties du Mexique, que nous avons commencé par indiquer la division de cette riche contrée en départements.

Nous suivrons exactement l'ordre dans lequel ces départements se trouvent inscrits dans le tableau précédent[1], pour nous occuper successivement de chacun de ceux sur lesquels nous aurons quelque chose à dire.

Il deviendra par là bien facile de reconnaître quels sont les départements pour lesquels tous renseignements un peu précis, un peu dignes de foi, nous ont complétement fait défaut.

Il nous semble, d'un autre côté, qu'à cause du caractère officiel des documents qui ont servi à le former, ce tableau pourra apprendre incidemment, sur le Mexique, beaucoup de choses intéressantes à toutes les personnes qui s'occupent un instant avec nous de ce beau et malheureux pays.

La province de **Yucatan**, qui comprenait les trois premiers départements de **Campeche** et de **La Laguna**, fournit en abondance le sel marin dont on a besoin pour le traitement des minerais d'argent.

Pendant la dernière période de l'occupation française, elle a été l'objet d'explorations scientifiques dont nous n'avons pas eu le temps de recevoir communication avant de nous réembarquer à Vera-Cruz.

[1] Ce tableau a été établi, avec le plus grand soin, en 1866, au ministère de *fomento* où nous en avons reçu communication, pour l'année précédente, pour 1865.

Le département de **Tabasco** n'a jamais été considéré comme riche en métaux.

Celui de **Chiapas** avait envoyé à Mexico, dans ces dernières années, quelques échantillons dont l'analyse chimique a prouvé qu'ils ne pouvaient pas constituer non plus des minerais d'argent.

Le département de **Tehuantepec** est bien connu des ingénieurs de tous les pays, à cause des nombreuses investigations auxquelles ont donné lieu les études du percement de l'isthme de ce nom [1]. La géologie en a été soigneusement décrite par divers auteurs, mais au point de vue particulier des travaux à entreprendre plutôt que pour y constater la présence ou la non existence de métaux précieux.

Département de Oajaca.

Les mines de ce département paraissent avoir donné autrefois d'excellents résultats; elles chôment, pour la

[1] Il y a bien des années qu'on a songé pour la première fois à mettre, en ce point, les deux Océans en communication directe, de manière à abréger singulièrement la traversée des navires qui se rendent d'Europe dans le Pacifique, en doublant le cap Horn, à destination de la Californie, des Indes, de la Chine.......

Ce projet aurait déjà été mis à exécution partout ailleurs qu'au Mexique. En attendant le creusement d'un canal maritime, on a songé à établir dans l'isthme de Tehuantepec, qui n'a guère plus de cinquante lieues de largeur, un chemin de fer reliant les deux mers; l'entreprise en avait été confiée récemment à une compagnie américaine qui n'avait rien épargné pour écarter des compagnies rivales. Son privilége lui aurait-il été confirmé?...

Quoi qu'il en soit, un peu plus tôt ou un peu plus tard, ce travail ne peut manquer d'être mené à bonne fin, car il est d'intérêt général pour le monde entier, et il ne présente aucune difficulté d'exécution qu'on ne puisse surmonter sans beaucoup d'efforts, avec les ressources de l'art moderne.

plupart, depuis la guerre de l'Indépendance, et sont aujourd'hui comblées en partie ou inondées.

En 1850, on y comptait soixante-deux mines, dont on exploitait seulement vingt-quatre mines d'or, deux d'argent aurifère, treize d'argent et une de fer.

Les gisements aurifères les plus intéressants sont ceux de San Miguel de las Peras (Saint-Michel des poires), qui n'ont cependant guère jamais donné plus de 600 onces d'or par mois (environ 20 kil. ou 80,000 francs).

La gangue de l'or est du quartz mêlé d'oxydes de cuivre et de fer. On estime qu'elle est assez productive pour être utilement exploitée quand elle renferme vingt-quatre grains d'or par charge de trois quintaux.

Les minerais de fer existent, dans le Oajaca, en quantités telles qu'on ne se donne pas la peine de s'en assurer des concessions spéciales, et qu'on les recueille partout indifféremment, sans contestation aucune, quand on a besoin de les mettre en œuvre.

On y a rencontré aussi plusieurs mines de cinabre assez productives, mais sur le travail et la richesse desquelles les renseignements font tout à fait défaut.

On a signalé, près du village de Ocotlan, des gisements de mercure à l'état natif, assez considérables pour pouvoir être utilisés.

Ce métal se trouve intimement mélangé à une sorte de glaise mêlée de chaux carbonatée [1] dont on le sépare bien

[1] Nous avons recueilli, près de Quérétaro, un bien intéressant échantillon de ce mercure natif. Il suffit d'en détacher, à la main, un petit morceau pour que des différents points de la cassure sortent en abondance des globules de mercure plus ou moins volumineux.

Le métal y a évidemment été mis en liberté par suite de la décomposition d'un de ses minerais ordinaires, qu'on rencontre habituellement d'ailleurs dans le voisinage, comme on le verra plus loin, quand nous nous occuperons du département de Quérétaro.

simplement par des lavages, dans des *arrastres* pareils à ceux qui ont été précédemment décrits [1].

Ces arrastres sont mis en mouvement au moyen de chutes d'eau naturelles, à Peñoles [2] et à San Miguel de las Peras.

On cite enfin comme ayant quelque importance la mine de plomb de Yucucundo.

Il y a quinze ans, on retirait de mines d'or situées le long de la rivière de *San Antonio* (Saint-Antoine) des minerais d'une nature très-remarquable, qu'on traitait dans plusieurs belles *haciendas* des environs de Almoloya, dont on retrouve à peine les traces.

Actuellement, deux exploitations du département de Oajaca semblent mériter seules une mention particulière; celle de Talca, qui donne beaucoup d'argent, et celle de Tabiches, près de Ocotlan, dont les travaux ont été momentanément interrompus, mais pourraient être repris avec beaucoup d'avantages, si l'on en juge du moins par les brillants résultats précédemment obtenus, et par le peu d'avancement des travaux abandonnés en 1847.

A Teojomulco, il y a aussi plusieurs mines *costeables* (qu'on peut exploiter avec bénéfice), malgré le peu de largeur que présentent en général les filons métallifères. Sur ce même point, d'anciennes mines, jouissant d'une grande réputation de richesse, n'attendent, pour être mises en plein rapport, que le concours simultané de bons ingénieurs et de riches capitalistes.

Voici du reste quelle a été, dans ces dernières années, la production de l'or et de l'argent dans le Oajaca:

[1] Note de la page 51.

[2] Les mines d'or de Peñoles ont été exploitées par une Compagnie Anglaise qui y a perdu, en peu de temps, 80000 piastres (416000 francs) pour avoir monté son entreprise avec trop de luxe, dès le début, et n'avoir pas procédé avec assez d'ordre et d'économie dans ses travaux de recherche.

ANNÉES.	MONNAIES FRAPPÉES.		VALEUR TOTALE	
	ARGENT.	OR.	EN PIASTRES.	EN FRANCS.
	P.	P.	P.	F.
1859	57 212	997	58 209	302 687
1860	28 565	512	29 077	151 200
1861	97 431	17 216	114 647	596 164
1862	165 887	39 283	205 170	1 066 884
1863	166 942	82 096	249 038	1 294 998
1864	199 866	50 768	250 634	1 303 297
1865	195 023	45 248	240 271	1 249 409
	P.	P	P.	F.
	910 926	236 120	1 147 046	5 964 639

Département de Vera-Cruz.

Ce n'est que dans deux des districts de ce département, ceux de Jalapa et de Tulancingo, qu'on a rencontré jusqu'à présent des minerais susceptibles d'alimenter, d'une manière suivie, des exploitations minières. Celles-ci sont situées au nord ouest de Jalapa, à sept lieues au nord du *cofre de Perote* [1].

On peut y compter jusqu'à vingt-trois mines qui fournissent un peu d'or, du plomb argentifère, du cuivre et du fer [2].

Il y a deux haciendas de beneficio, l'une à Tenepanoya, l'autre à Zomelahuacan, où sont réunies en outre trois

[1] Ancien volcan éteint ayant 4089 mètres de hauteur au-dessus du niveau de la mer, tout près de la ville de *Perote*.

[2] La mine de fer de *San-Pedro y Pablo* (Saint-Pierre et Saint-Paul), aujourd'hui abandonnée, a donné, pendant longtemps, un métal d'excellente qualité, extrait du deutoxyde ou mine magnétique de fer.

fonderies de fer, et une fonderie de cuivre qui était tout dernièrement encore en pleine prospérité.

Près de cette dernière localité, on a découvert, il y a une quinzaine d'années, un banc d'argile réfractaire qui se prolonge sur une étendue de plus de deux lieues, et dont on tirera certainement un grand parti dans l'avenir.

Département de Puebla.

L'exploitation des mines est depuis longtemps en souffrance dans la plus grande partie de ce département, dont le climat si remarquablement beau et sain, la population si intelligente font un des points les plus intéressants, à coup sûr, du territoire mexicain. Peut-être cela tient-il aux remarquables progrès qu'on y a réalisés en Agriculture, et à ce que les habitants, éclairés par les insuccès successifs de beaucoup de travaux métallurgiques [1], ont le bon sens pratique de préférer aujourd'hui le certain à l'incertain.

Les minerais d'argent qui y ont été successivement découverts sont d'ailleurs très-pauvres en général.

Il y existe cependant trente-trois mines, groupées en huit entreprises principales [2], dont la plus considérable, celle de Tetela del Oro, a donné, en cinq années, de 1844 à 1848, un produit brut de 19500 marcs d'argent (4485 kilogrammes, valant 22425000 francs).

[1] Dans le district de Matamoros on peut signaler trois mines d'argent entièrement abandonnées; trois autres, situées dans le district d'Acatlan, et deux autres des environs d'Ahuatlan ont eu le même sort.

C'est près de Chiautla que les travaux de recherche paraissent avoir pris le plus d'extension, puisqu'ils ont conduit à la demande de douze concessions bien distinctes qui, toutes. sans exception, ont abouti à un insuccès plus ou moins rapide.

[2] En voici les noms : Tetela del Oro, San José, San Miguel. Ixcamastitlan, Thlachachalco. Huecapan. Tlachiaque. Izucar.

L'argent s'y rencontre mêlé à du cuivre et allié à une proportion d'or quelquefois assez forte, comme à Tepeaca, par exemple : [1] il se présente plus souvent à l'état de plomb ou de pyrites argentifères de peu de richesse.

On utilise, dans les haciendas de beneficio (au nombre de cinq), pour mettre en mouvement les brocards ou les moulins, la force motrice des nombreux petits cours d'eau qu'on fait ensuite servir avec tant d'habileté et de succès aux irrigations des terres cultivées.

Le district de *San Juan de los Llanos* fournit du fer et du charbon de pierre, et les montagnes du district de Matamoros donnent un peu de cinabre.

A Tehuacan, à Piastla, on exploite le sel gemme.

Dans les districts de Tehuacan, d'Atlixco, de Matamoros, il existe d'importantes carrières de très-beaux-marbres [2].

On extrait enfin du soufre, en grande quantité, de l'intérieur du volcan [3] éteint le Popocatepetl. Sur les flancs de cette montagne, du côté de Mexico, et au bas de la Ixtacihuatl, sont placées des mines de fer en pleine activité, mais peu productives, croyons-nous.

[1] On cite surtout, près de Tepeaca, à Tlachiaque, une veine de sulfure d'argent fortement aurifère, qui porte le nom de *la preciosa sangre*, « le précieux sang. »

[2] La magnifique cathédrale de Puebla a été construite en entier avec des marbres du département, extrait de ces carrières des trois districts dont nous parlons.

Il y a près d'Acatlan, à Tlascuapan, une belle carrière de marbres dans un tel état d'abandon que tout le monde va y puiser largement, pour ses besoins, sans avoir le moins du monde à craindre d'être inquiété par qui que ce soit.

[3] Le Popocatepetl a 5400 mètres et la Ixtacihuatl 4775 mètres de hauteur au-dessus du niveau de la mer.

Département de Tlaxcala.

La profonde misère dans laquelle reste plongé ce département contraste singulièrement avec la prospérité du département voisin, celui de Puebla, dont nous venons de parler.

Ce n'est cependant pas que ses chaînes de montagnes ne renferment sans doute de précieuses ressources métallurgiques; on a constaté à Tlatlaya, et sur les flancs des hauteurs de Tepeticpac, de los Reyes, de San Ambrosio, de San Mateo, la présence de minerais d'argent, de cuivre, de plomb, assez riches et assez abondants pour être traités avec grand avantage, et même de gisements assez intéressants, paraît-il, de charbon de pierre.

Ne devait-on pas s'y attendre d'avance?

Pour se convaincre que ces montagnes dont nous parlons ne peuvent manquer d'être abondamment pourvues de minerais d'argent, il n'est pas même nécessaire, ce nous semble, de faire appel aux rapprochements géologiques qu'on trouverait exposés dans plusieurs ouvrages spéciaux [1]; il suffit de jeter les yeux sur la carte du Mexique, et de remarquer combien ces hauteurs du département de Tlaxcala se trouvent heureusement placées entre le *cofre* de Perote, où nous venons de trouver [2] des minerais d'argent exploitables, et Pachuca, dont nous connaissons de-

[1] Notamment dans l'ouvrage précité de M. Saint-Clair Duport. Nous espérons que ce n'est pas trop nous aventurer que d'appliquer ici, aux montagnes de Tlaxcala, les considérations générales que ce savant présente, d'après ses observations personnelles et celles de M. de Humboldt, sur la direction générale de la chaîne des Cordillères, et sur les ramifications de celle-ci vers Zacatecas et Durango.

[2] Page 74.

puis longtemps déjà [1] toute l'importance, au point de vue de l'extraction de l'argent.

N'est-il pas évident que ces trois points si rapprochés ont dû faire partie du même soulèvement? et ne doit-on pas s'attendre à trouver en chacun d'eux les mêmes roches, superposées les unes aux autres d'une manière à peu près analogue?

On n'a encore entrepris qu'à Tlatlaya des travaux réguliers d'exploitation, lesquels auraient pu confirmer peut-être ces espérances, s'il n'avait fallu les interrompre bien vite aux premières menaces de ce qu'on nomme improprement là-bas un mouvement révolutionnaire.

Ces parties montueuses du Mexique étant celles dans lesquelles il est le plus difficile de faire cesser promptement l'agitation qui se fait sous un prétexte politique, et d'atteindre les chefs de bandes qui n'y exercent d'ordinaire le pouvoir absolu qu'au profit de leurs passions et de leur cupidité, il n'est que trop évident que la pacification complète, l'organisation définitive du pays tout entier, permettront seuls, Dieu sait quand, de tirer parti de tant de richesses improductives et peut-être même ignorées.

Département de la vallée de Mexico.

Les alentours de la capitale du Mexique sont occupés par des lacs d'une grande étendue; leurs eaux, dont le volume augmente beaucoup [2], pendant la saison des pluies,

[1] Page 15 et suivantes. Nous n'avons pas besoin de rappeler que Pachuca et Real del Monte se touchent pour ainsi dire.

[2] On pourra s'en faire une idée d'après la donnée que voici: En 1865, la hauteur d'eau tombée pendant toute la saison des pluies (jusqu'au 15 octobre), mesurée à l'udomètre de l'École des mines de Mexico, n'a pas été de moins de $1^m,011$. Aussi les niveaux des lacs s'élevèrent-ils de $1^m,68$ pour celui de Texcoco, de $1^m,86$ pour celui de Zumpango, et enfin de $1^m,95$ pour celui de San-Cristobal.

peuvent aujourd'hui s'écouler, dans les conditions normales, par le célèbre canal de Huehuetoca [1].

En comparant des sondages faits sur ces lacs à différentes époques, nous avons pu constater nous-même que le fond des lacs tend bien visiblement à se relever sans cesse; et il est, ce nous semble, facile de prévoir, de calculer presque exactement, par analogie, dans combien d'années ces immenses amas d'eau auront entièrement disparu [2]. Ne sait-on pas que du temps des Aztèques, *Tenochtitlan*

[1] Autrefois, même après l'époque Aztèque, les eaux des lacs envahissaient souvent les rues de la capitale et y séjournaient pendant plusieurs années de suite : les rois Aztèques avaient préparé l'établissement de grandes digues pour essayer de les maintenir.

C'est aux Espagnols qu'appartient l'honneur de la construction du canal de Huehuetoca, œuvre colossale pour ce temps-là, où l'on trouve une tranchée de près de 4000 mètres de longueur sur 30 mètres de profondeur moyenne. Aussi, commencé en 1607, ce travail gigantesque ne fût-il terminé qu'en 1789.

[2] Quelque hardie que doive paraître peut-être cette opinion toute personnelle, nous ne pouvons nous empêcher d'exprimer la pensée que d'ici à deux cents ou trois cents ans les lacs des environs de Mexico auront tout à fait disparu.

Nous avouons que nous n'avons pas trop compris, pour notre compte, qu'on se résignât à entreprendre d'immenses travaux pour le desséchement de la vallée de Mexico, lorsqu'on n'avait, bien évidemment, qu'à laisser faire le temps.

Selon nous il fallait se borner, en 1865, à conjurer les dangers éventuels d'inondation par des moyens ayant essentiellement un caractère provisoire; et c'est pour cela que dans les graves débats qui s'agitaient à cet égard, nous avions, tout bas et de bien loin, pris parti pour l'un des projets qui ont été écartés, celui de M. Almaraz, appuyé et patronné par le ministre de *fomento*, D. Luis Robles Pezuela, et basé sur l'emploi de puissantes machines à vapeur pour vider en partie le lac de Texcoco.

Il est peu probable, du reste, qu'il soit donné suite main-

(Mexico), leur capitale, était complétement entourée d'eau, et qu'on y circulait en bateau dans quelques rues?

Le niveau de la surface des lacs va, depuis cette époque, en s'abaissant lentement et avec une certaine régularité; il en résulte que, tout autour de la ville, on ne rencontre, à d'assez grandes distances, qu'un terrain d'alluvion moderne.

On a cherché, sans succès, à exploiter, dans les montagnes qui entourent la vallée de Mexico, quelques mines de soufre, d'argent et d'autres métaux.

On y a signalé, en 1865 et 1866, sur plusieurs points, l'existence du pétrole [1].

Mais ce sont particulièrement le carbonate de soude (le *tequezquite*) et le salpêtre que produit en abondance ce département. Le premier de ces corps est très-employé, tant pour les usages domestiques que pour le traitement de certains minerais; le second est très-recherché pour la fabrication de la poudre dont la consommation est très-considérable, dans les exploitations minières seulement, comme nous l'avons déjà vu [2].

En donnant donc ci-après le tableau des quantités de

tenant à cette grande entreprise, et la nature va reprendre tous ses droits.

Ajoutons qu'il n'est pas rare de rencontrer, dans diverses parties du Mexique, d'anciens lacs très-analogues à ceux de Mexico et dont le dessèchement complet ne remonte, de notoriété publique, qu'à un petit nombre d'années.

Le Mexique où, nous le savons par expérience, le manque d'eau se fait déjà si cruellement sentir en tant de points, serait-il destiné à souffrir de plus en plus de cette excessive aridité que le déboisement de tous les hauts plateaux favorise, et que semble destiné à combattre le retour périodique et régulier des grandes pluies d'été?

[1] A Guadalupe Hidalgo, Atzacoalco, Santa Isabel, Ticoman et Santiaguito.

[2] Note de la page 48.

métaux précieux transformés en numéraire, à l'hôtel des monnaies de Mexico, de 1857 à 1865 inclus, nous n'avons pas besoin de faire remarquer que tout cet or, tout cet argent y ont été apportés des départements voisins.

ANNÉES.	MONNAIES FRAPPÉES.		VALEUR TOTALE	
	ARGENT.	OR.	EN PIASTRES.	EN FRANCS.
	P.	P.	P.	F.
1857	4878105,57	164158	5042263,77	26219772
1858	4363597,75	9930	4373527,75	22742345
1859	4457574,75	152292	4609866,75	23971306
1860	3379548,75	140524	3520072,75	18304378
1861	2414990,25	156289	2571279,25	13370652
1862	2834717,25	154393	2989110,25	15543373
1863	3148275,50	162682	3310957,50	17216980
1864	4985209,20	151754,75	5136963,95	26712212
1865	4281645,55	213957	4495602,55	23377133
	P.	P.	P.	F.
	34743664,57	1305979,75	36049644,32	187458251

Département de Tulancingo.

Pour appeler, d'une manière toute particulière, l'attention de nos auditeurs sur la richesse métallurgique de ce département, il nous suffira de dire que c'est là que se trouvent les fameuses mines de Pachuca, de Real del Monte, d'Atotonilco el Chico, de Santa Rosa, dont nous avons déjà si souvent parlé.

Dans cette partie intéressante du Mexique, à côté des veines d'argent sur lesquelles ont été creusées un nombre immense de mines, on ne trouve, comme gangue, que des porphyres et très-rarement des calcaires. Les pyrites de fer et de cuivre y sont abondantes ; la roche primitive est plus ou moins altérée : le feldspath y est souvent passé à l'état terreux, et parfois on peut y reconnaître à peine le mélange des cristaux de l'amphibole ferrugineuse [1] et de ceux du feldspath.

Les veines argentifères ont ce qu'on nomme, en langage des mineurs, une demi-puissance seulement (*son de media potencia*), ce qui veut dire que leur largeur est de 3 mètres environ et dépasse rarement cette valeur.

Quand on s'enfonce dans l'intérieur de ces mines on remarque qu'elles sont formées, presque sans exception, de trois grandes couches superposées dans un ordre invariable. Dans la première, très-riche en manganèse, on rencontre la pyrolusite [2] et ses variétés, la psilomelane [3], le deutoxyde de manganèse [4]...

On a donné à ces minerais, à cause de leur aspect bien caractéristique, le nom de *quemazones* (minerais brûlés.)

La couche suivante, à laquelle l'oxyde de fer communique une couleur rouge bien tranchée, rentre dans les *colorados,* dont nous avons donné ailleurs [5] la définition.

Enfin, la troisième couche se compose de quartz intimement mélangé à du sulfure d'argent, et présentant des reflets bleuâtres qui lui ont fait donner le nom de *pinta azul* (coloré en bleu); ce minerai, très-habituellement accompagné d'argent natif en paillettes minces, constitue, à proprement parler, le minerai spécial de cette région.

[1] Hornblende.

[2] Manganèse oxydé métalloïde ou peroxyde de manganèse, le plus abondant au Mexique des minerais de manganèse.

[3] Manganèse oxydé barytifère, dans la composition duquel la pyrolusite entre souvent pour la plus grande partie.

[4] Nous ne parlons pas des magnifiques cristallisations de quartz, diversement colorées par des oxydes métalliques, sur lesquelles on peut reconnaître parfois qu'est venue se former une cristallisation, postérieure à la première, n'affectant pas la même couleur que celle-ci, ni des agates, ni des opales, etc.

[5] Page 27.

Les *negros* [1] existent très-souvent dans les parties basses des mines, en même temps qu'un peu de *rosicler* [2].

Quelquefois les *quemazones* (l'antimoine) ne se montrent pas à la partie supérieure de certaines exploitations ; mais dans toutes, absolument dans toutes, on peut constater l'existence des deux autres couches de minerais.

Pachuca. — Cette localité présente, au point de vue métallurgique, d'autant plus d'intérêt qu'on peut dire qu'elle a été peu exploitée encore, comparativement, par exemple, à Zacatecas, à Fresnillo, à Guanajuato...., où les travaux d'extraction ont été moyennement poussés jusqu'à une profondeur double de celle qu'ils ont atteint à Pachuca [3].

En revanche, nulle part peut-être le nombre des concessions obtenues n'a atteint un chiffre aussi considérable [4].

Ce n'est cependant pas que toutes ces mines soient arrivées à un état bien encourageant de prospérité.

Sans parler du grand nombre de celles qui, en 1865, avaient été entièrement abandonnées, à cette même époque, le travail de quarante-neuf mines était arrêté parce que les frais d'exploitation dépassaient les revenus ; trente-sept autres mines donnaient un produit à peine suffisant pour payer l'intérêt des fonds engagés dans l'entreprise de chacune d'elles ; huit exploitations rapportaient un bénéfice net qu'on pouvait appliquer à l'amortissement du capital.

[1] Page 28.

[2] Pages 30 et 31.

[3] A Pachuca on est actuellement arrivé, presque partout, à la profondeur de 200 vares (167m,60) dans les mines, et, par exception seulement, on a atteint 300 vares (251,m40).

[4] Après 1850, époque où la mine du *Rosario* donnait les résultats les plus beaux et les plus séduisants, le gouvernement recevait habituellement, de Pachuca, soixante ou quatre-vingts demandes de concessions nouvelles chaque année. Ce chiffre s'était encore maintenu à trente demandes nouvelles dans ces derniers temps.

mais ne donnaient pas de dividende ; *une seule* enfin, la mine du Rosario [1], enrichissait ses actionnaires.

[1] Voici quelques renseignements sur la mine du *Rosario* (rosaire, chapelet), qui permettront de juger tout à la fois de la richesse du minerai qu'on y exploite, des dépenses auxquelles le traitement de ce minerai entraîne, et de la régularité remarquable à laquelle est parvenue, dans ces derniers temps, la production annuelle de cette importante exploitation.

ANNÉES.	MINERAI mis EN TRAITEMENT (en charges de 14 arrobes, 161 k).	ARGENT OBTENU (en marcs de 0k,230).	VALEUR de CET ARGENT (en piastres de 5 fr. 20).	DÉPENSES annuelles d'exploitation (en piastres).	BÉNÉFICE annuel D'EXPLOITATION (en piastres.)
1851	12 036	19 355	169 422	89 375	80 047
1852	34 821	48 167	524 037	212 179	311 858
1853	53 501	71 365	628 496	246 659	381 837
1854	91 425	122 337	1 076 853	438 525	638 328
1855	106 911	149 599	1 298 783	522 846	775 938
1856	138 710	203 195	1 789 879	718 612	1 071 267
1857	112 909	196 737	1 730 656	723 871	1 006 785
1858	112 909	177 842	1 561 240	621 426	939 814
1859	150 471	252 230	2 221 878	831 395	1 390 483
1860	140 879	284 156	2 485 367	855 546	1 629 820
1861	149 162	294 374	2 563 968	932 514	1 631 453
1862	151 288	263 872	2 302 835	904 143	1 398 692
Totaux pour 12 années.	1 255 022, ou 202 058 1/2 tonnes.	2 083 229, ou 479 142 kil. 67			11 256 322, ou 58 532 874 fr. 40
	Rapport de ces deux quantités, représentant la richesse moyenne des minerais du Rosario, $\frac{1}{422}$ ou $\frac{25}{10000}$ es				Moyenne par année, 4 877 737 fr. 80

On estime que la production totale de l'argent, à Pachuca, a été, jusqu'en 1864, de 91238448 piastres, (ou 474439929 fr. 60 c.).

Cette somme se décompose de la manière suivante :

Dix-septième siècle.............	40000000	piastres.
Dix-huitième siècle..............	6800000	—
Première moitié du dix-neuvième siècle......................	250949	—
Enfin, de 1850 à 1864, la mine du Rosario a donné..............	20072299	—
La mine du Jacal [1]...............	6115200	—
Toutes les autres mines, ensemble, à peu près...................	18000000	—
Total........	91238448	piastres.

La mine du Rosario présente une très-heureuse application de l'emploi de machines à vapeur [2] pour l'épuisement des eaux.

[1] La mine du Jacal passe pour avoir donné, au commencement du dix-septième siècle, peu de temps après la découverte de l'amalgamation par Medina, jusqu'à 7000 piastres par jour. C'est d'elle qu'on a dit qu'elle fournissait, comme *quinto*, au roi d'Espagne, une *barra* d'argent chaque jour.

[2] Il y a à Pachuca cinq machines à vapeur, dont trois spécialement affectées à l'épuisement des eaux, les deux autres à l'extraction du minerai.

Les premières sont du système de Cornouailles, à simple effet, à détente et à condensation; elles sont respectivement de la force nominale de 50, 52 et 360 chevaux-vapeur. Cette dernière, qui ne fonctionne d'ordinaire, sous la pression de cinq atmosphères, qu'avec une force de moitié de celle qu'elle pourrait donner, est de fabrication anglaise et a coûté 75000 piastres d'achat, le port à Vera-Cruz compris. Les frais de débarquement, le transport de Vera-Cruz à Pachuca et l'installation de la machine ont fait monter le prix de revient

Ce fut au mois de mai 1849 que la Compagnie Mexicaine, qui succéda à la Compagnie Anglaise [1], en prit possession en même temps que de Real del Monte; au mois de mars 1853, les pompes purent fonctionner régulièrement et d'une manière suivie; dès le mois de novembre de la même année, on pouvait exploiter le minerai à 200 vares de profondeur.

Les haciendas de beneficio très-nombreuses, sont parfaitement organisées, et même avec un certain luxe.

Dans celles de La Luz et Loreto, réunies maintenant en une seule par une construction très-belle et très-hardie, on peut établir sur le *patio* et travailler, en même temps, 13 *tortas* de 60 *montones* chacune, ou 88 320 kilos de minerai.

Real del Monte est situé à l'est nord-est de Pachuca.

Les minerais qu'on y rencontre sont tout à fait pareils à ceux de cette dernière localité, ce qui fait penser à plusieurs ingénieurs qu'on a le plus souvent à faire, à Real comme à Pachuca, à des ramifications secondaires d'une même veine principale, la *Vizcaïna*.

Ici encore, nous ne trouvons qu'*une seule* exploitation en pleine prospérité; sept ou huit autres fournissent à peine de quoi amortir le capital; quatorze sont dans la période coûteuse des travaux de recherches; près de qua-

au double de cette somme exactement, de sorte que, mise en place, cette force est de 150 à 180 chevaux utilisés, ne coûte pas moins de 780 000 francs.

Cette machine consomme d'ailleurs, par semaine, de 420 à 620 charges de 12 arrobes de bois (de 57 860 kilos à 85 560 kilos) à 4 réaux (une demi-piastre) la charge, en moyenne; (de 1000 à 1500 francs environ).

A chaque coup de piston, elle verse au dehors 383 litres d'eau et marche à une vitesse de quatre à cinq coups par minute, vitesse qu'on peut accélérer jusqu'à neuf coups.

[1] Page 15.

rante enfin, ne donnant plus de quoi faire face aux dépenses d'exploitation, ont été abandonnées.

Real del Monte renferme un important atelier de construction appartenant à la Compagnie, et qui porte le nom de la Maëstranza (maitrise); c'est là qu'ont été déposées toutes les machines opératrices venues d'Angleterre.

Nous ne reviendrons pas sur ce que nous avons déjà dit du brillant passé de Real del Monte qui paraît avoir donné, depuis les premières années du dix-huitième siècle jusqu'en 1858, plus de 50 343 800 piastres (261 787 760 fr.), réparties comme il suit :

De 1726 à 1727...........	4 500 000	piastres.
— 1727 à 1762...........	8 000 000	—
— 1762 à 1801...........	19 100 000	—
— 1801 à 1819...........	652 000	—
— 1824 au mois d'avril 1849	11 087 500	—
— 1849 à 1858...........	7 004 300	—
Total.........	50 343 800	piastres.

Atotonilco el Chico (Atotonilco–le–Petit), ou simplement *El Chico*, est aussi un centre important d'entreprises minières. Il est situé à quatre lieues seulement au nord de Pachuca.

On y compte vingt mines abandonnées, et autant d'autres où l'on travaille, mais bien lentement. De ces dernières, il n'y en a que cinq qui donnent, à vrai dire, un résultat utile, et, parmi celles-ci, il faut placer en première ligne celle d'Arévalo, d'où l'on extrait en ce moment 600 charges (100000 kilogrammes) de minerai par semaine, et dont les travaux intérieurs [1] auraient assez d'étendue pour permettre à mille mineurs d'y travailler à la fois.

[1] L'importance des travaux de la mine d'Arévalo s'explique par les dépenses considérables qu'y consacra une Compagnie Allemande dont les pertes ne s'élevèrent pas à moins de 3 millions de francs en peu d'années.

Santa Rosa se trouve à quatre lieues au nord-ouest de Pachuca, et est remarquable par un épanouissement très grand de la veine argentifère qu'on y exploite et qui porte le même nom.

Cette veine a une largeur qui atteint 32 vares (environ 28 mètres) près du ruisseau de Milagro (miracle).

Enfin *Capula*, un peu plus au nord, est une mine récemment mise en exploitation par une Compagnie Anglaise, qui y occupe, par semaine, de cent à cent vingt mineurs, dont la paye dépasse 2400 piastres ou 12500 francs.

Nous en avons dit assez, ce nous semble, pour donner une idée de l'activité avec laquelle les travaux des mines ont été conduits dans le département de Tulancingo; et après avoir parcouru cet exposé, on n'a plus qu'une chose à se demander : Pourquoi tant et de si belles exploitations sont-elles dans un état si complet d'abandon? Pourquoi l'insuccès des entreprises minières est-il si général autour de Pachuca?

Nous ne serons certainement pas plus indulgent pour les Mexicains que ne le sont leurs propres auteurs [1]; nous n'hésitons pas à reconnaître, avec ces derniers, que l'ignorance, la mauvaise foi, la corruption n'interviennent que trop souvent dans toutes ces affaires de mines; nous admettons l'avidité dévorante de tous les bailleurs de fonds auxquels ne peuvent s'empêcher de recourir les petits capitalistes qui s'y aventurent sans ressources personnelles suffisantes; nous faisons enfin une large part d'influence désastreuse au peu de stabilité des institutions politiques du Mexique, et au peu de confiance qu'inspirent, par suite, toutes les entreprises aléatoires, si l'on peut s'exprimer ainsi. Mais, sans trop insister sur ce sujet, il nous semble qu'il résulte de tout ce qui précède qu'à Pachuca en particulier, par suite du peu de largeur des veines métallifères, par suite surtout de l'existence de l'eau dans les puits qu

[1] Entre autres, D. José S. Segura.

atteignent une bonne profondeur, on est toujours forcé d'exécuter, nous en avons vu plusieurs exemples, de ces travaux gigantesques que le simple particulier ne peut entreprendre sous peine de courir à sa ruine, et qui exigeraient toutes les ressources d'une association fortement organisée, ou bien toute la protection efficace d'un gouvernement solidement établi.

Département de Tula.

Deux localités, *Zimapam* et *San José del oro* (Saint-Joseph de l'or) y ont été exploitées avec grand succès, dans le passé, mais sans qu'on ait conservé de documents bien précis sur leur production.

Par sa position et par la configuration très-tourmentée du sol, ce département serait resté tout à fait en dehors de l'influence des premiers progrès réalisés en d'autres parties du pays, si sa richesse en minerais de fer, du côté du département de Tulancingo, ne l'avait signalé à l'attention des spéculateurs.

La maison J. B. Jecker et compagnie de Mexico y a créé et y exploite les forges de *San Miguel* (Saint-Michel), de *San Antonio* (Saint-Antoine) ; à quatorze lieues au sud de ces dernières, on trouve la forge de *Apulco*, et enfin, à huit lieues de Zimapam, celle de la *Encarnacion* (de l'Incarnation).

San Miguel est au sud de Zacualtipan et à une lieue environ de cette localité.

Les terrains d'où l'on extrait le minerai de fer sont des terrains de transition recouverts par des formations plus modernes.

On y trouve le fer oxydulé ou mine magnétique, le fer oligiste et l'hydrate de peroxyde de fer concrétionné ou répandu dans des glaises relativement assez pauvres.

Les portions les plus riches donnent de 50 à 70 pour

cent de métal; mais on tire un bon parti, dans l'usine, des minerais qui n'en renferment que 25 pour cent.

Ces mines, qui portent le nom de *San Bernardo* (Saint-Bernard), sont en grande partie travaillées à ciel ouvert, sans beaucoup d'ordre et sans beaucoup d'économie [1].

Le minerai réduit, par la méthode anglaise, dans des hauts-fourneaux, donne de la fonte de première fusion dont on exécute ensuite, dans l'usine, le puddlage et l'affinage.

Un martinet à vapeur, des laminoirs, des tours et toutes les autres machines qui entrent dans l'outillage d'usines de cette nature, sont très-heureusement répartis dans des ateliers formant d'immenses gradins en amphithéâtre, de manière à utiliser successivement, sur trois roues hydrauliques, placées de plus en plus bas sur le flanc de la montagne, une magnifique et très-abondante chute d'eau [2].

Au mois de février 1866, le haut-fourneau [3] donnait 100 quintaux de fonte grise par vingt-quatre heures. Les trois fours à puddler rendaient chacun, dans le même temps, environ 30 quintaux de fer brut.

On a trouvé, dans ces montagnes, quelques gisements de charbon de pierre qui avaient fait espérer qu'on arriverait à en découvrir des mines pouvant être exploitées; nous

[1] Les chemins qui conduisent à l'usine sont, par exemple, en si mauvais état, qu'il faut faire le transport du minerai à dos d'animaux; on paye 2 réaux (1 fr. 30 c.) par charge de 12 arrobes (138 kilog.) dans le beau temps, et 3 réaux (1 fr. 95 c.) quand les pluies d'été ont abîmé ces voies de communication.

[2] On trouve en abondance, dans les montagnes des environs, des bois de chêne et d'*ocote* (bois résineux) qui donnent d'excellents charbons qu'on ne paye jamais bien cher.

On a enfin à portée tous les matériaux de construction nécessaires et même une carrière de pierres réfractaires, à Coatitla.

[3] De 20^{m^3},50 de capacité intérieure.

n'avons pas eu occasion de savoir si toutes les recherches faites dans ce sens avaient abouti.

Apulco. — Cette usine possède un haut-fourneau pouvant livrer 40 quintaux de fonte par jour, au prix de 4 piastres (20 fr. 80 c.) le quintal; elle fabrique surtout des objets en fonte moulée. *La Encarnacion*, au contraire, produit du fer laminé, lorsque les bandes qui l'ont tant de fois dévalisée n'en paralysent pas du moins le travail.

Département de Toluca.

Temascaltepec. — Il est certain qu'avant 1810, cette localité était le centre de nombreuses et riches exploitations d'argent; on en montre, comme preuve, les *terreros* très-considérables qu'on rencontre en une multitude de points des environs. Mais, il paraît que tous les travaux furent arrêtés à cette époque, pour ne recommencer qu'en 1852, et être abandonnés encore en 1858, au moment où éclatèrent les guerres civiles.

A la fin de 1863, l'occupation française, permettant de reprendre activement tous les travaux de la paix, un nombre très-grand de concessions nouvelles furent demandées, soit pour exploiter des mines récemment découvertes, soit pour recommencer, sur de nouveaux frais, d'anciennes exploitations.

Nous ignorons quel sort leur aura été réservé.

Sultepec paraît aussi avoir eu une très-grande importance, au point de vue de l'extraction de l'argent.

On y comptait, en 1866, vingt-sept mines en activité, mais, en général, peu productives, et pas moins de cent quatorze autres tout à fait abandonnées.

Huit haciendas de beneficio travaillaient encore pour le traitement des minerais, mais on en pouvait citer vingt-sept qui chômaient d'une manière complète.

Zucualpam. — Treize mines en exploitation, six en

souffrance et cinquante-deux délaissées entièrement, tel est le bilan de cette localité qui, se rapprochant de Guerrero, devrait participer à l'immense richesse qu'on attribue à cette partie du Mexique.

En 1866, on y traitait, par semaine, de 750 à 800 charges (103 à 110 mille kil.) d'un minerai d'argent assez fortement aurifère [1].

Trois haciendas de beneficio y suffisaient actuellement à cette tâche, et onze autres tombaient en ruine.

Le village de *Teocalcingo* fournit en abondance un minerai de cuivre qui a longtemps servi de *magistral* à Tasco, à Tepantitlan, à Zacualpam et dans toute cette région, avant que l'emploi du sulfate de cuivre ne devint général. On y trouve, ainsi qu'à *Tenancingo*, d'abondantes sources d'eau salée dont on retire le sel qu'emploient les haciendas de beneficio. Près de cette dernière localité, existe une carrière très-importante de marbre de très-belle qualité, en exploitation régulière [2].

Département d'Iturbide.

Tasco, la capitale de ce département, est entourée de toutes parts d'exploitations minières; nous pourrions donner les noms de trente-cinq mines qui y existent, et de quatre-vingt-six autres, situées sur le reste du territoire.

On en compterait bien davantage encore, si l'on voulait parler de toutes celles qui chôment momentanément ou dont les travaux ont définitivement cessé.

[1] Chaque marc d'argent donne de seize à vingt grains d'or. Les minerais d'argent sont du petlanque, de l'azulaque, du nochistle et des galènes argentifères.

[2] C'est avec ce marbre de Tenancingo qu'a été faite la belle statue de Hidalgo; érigée au libérateur du Mexique sur la place de Toluca.

En 1850, il n'y avait pas moins de huit haciendas de beneficio, à Tasco même.

Ce qui prouve bien, au reste, que les minerais qu'on y exploite possèdent une très-grande richesse, c'est que, tout en employant la méthode du *patio*, on les soumet aussi bien souvent au traitement *por fundicion* [1], lequel ne convient qu'aux minerais renfermant une grande proportion d'argent; et, en effet, on cite une de ces mines, celle *del Moro* (du Maure) dont le minerai a donné, aux essais, une moyenne de 45 marcs (10 kil. 35) par *monton* de 30 quintaux (1380 kil.), ce qui fait un cent trente-troisième de métal, environ.

Il y a onze usines pour le traitement de l'argent par la fusion (*fundiciones*), dans l'une seule desquelles on se sert d'une chute d'eau pour actionner une machine soufflante, toutes les autres employant exclusivement les moteurs animés.

Ce département a presque constamment été soumis d'ailleurs à l'autorité directe ou tout au moins à la domination occulte des chefs indépendants du Guerrero; et, c'est de ce côté, bien plus que vers Mexico, que se sont toujours portées ses richesses.

Aussi, n'a-t-on que peu ou pas de renseignements sur la production des métaux précieux, dans ces derniers temps, à Tasco.

En 1849, on retira de toutes ses mines 7 169 marcs d'argent, fournis par 5 160 charges de minerai, ce qui équivaut à un rendement moyen de quarante marcs (9 kil. 20) par *monton* de 100 quintaux (4 600 kil.), ou de un cinq centième, exactement.

On a commencé à exploiter, vers 1844, près de Tasco, de belles mines de plomb dont nous ne connaissons pas la situation actuelle.

[1] Page 53.

Département de Quérétaro.

On a fait, de tous temps, aux environs de Quérétaro, des recherches actives, mais peu fructueuses, en général, pour y découvrir des mines d'argent.

Les plus importantes ont été entreprises près de Cadereyta et ont eu, pendant quelques années, une certaine célébrité; elles ont donné naissance aux exploitations de Maconi, de El Doctor (le Docteur), qui ont été abandonnées depuis, faute de ressources suffisantes, bien avant d'avoir atteint la profondeur à laquelle on pouvait espérer de rencontrer des veines d'une bonne dimension.

D'après les inscriptions faites à la préfecture politique du département, on n'y comptait pas moins de deux cent trente et une mines, se subdivisant de la manière suivante : cinq mines d'or, deux cent quatre d'argent, sept de cuivre, une de plomb, deux d'étain, sept de mercure [1], deux d'antimoine, une d'agates et d'opales, deux de charbon de pierre.

On voit que là encore il y aura certainement beaucoup à faire [2] lorsque la confiance renaîtra, au Mexique, et lorsque de puissantes et solides associations de capitaux pourront s'y former avec toute sécurité.

En attendant ce moment tant désiré par tous les hommes honnêtes, à quelque parti qu'ils appartiennent, les esprits actifs et entreprenants s'attachent à faire progresser l'Agriculture du pays: nous sommes en mesure de présenter à cet égard, à l'Académie, dès que nous en aurons le loisir, quelques résultats bien dignes d'intérêt, ce nous semble.

[1] Ces mines de mercure ne sont pas assez riches en cinabre pour être exploitées utilement. C'est auprès de l'une d'elles qu'on trouve le mercure natif dont il a été question page 72.

[2] Nous avons déjà donné, Note de la page 40, un aperçu de la richesse de certains minerais de cette contrée.

Mais ils ne renoncent pas, en principe, aux travaux métallurgiques, de quelques déceptions que ceux-ci aient été généralement suivis jusqu'à présent [1]. Nous connaissons plusieurs mines dont les concessionnaires tiennent à rester propriétaires, en vue des éventualités de l'avenir qu'ils rêvent favorables, et dans lesquelles ils font exécuter tous les ans les travaux indispensables [2] pour leur en conserver la possession.

Départements de Guerrero et d'Acapulco.

Ces deux départements faisaient autrefois partie de la province de Guerrero; nous les réunissons ici parce que nous ne pouvons donner sur leur compte que des renseignements généraux un peu vagues.

Le Guerrero, en effet, comme nous l'avons déjà indiqué, s'est, depuis longtemps, séparé du reste du Mexique, et s'est donné, ou pour mieux dire, a subi un gouvernement particulier [3].

Même pendant l'occupation française, il n'est pas rentré dans la loi commune; de sorte que tout en accueillant avec avidité les récits merveilleux que font de cet Eldorado les rares personnes qui se sont risquées à y voyager, il y a quelques années, on reste bien mal renseigné sur sa richesse réelle en métaux précieux [4].

[1] Les récoltes, le matériel, les bestiaux des haciendas ne leur sont-ils pas quelquefois enlevés aussi par des bandes?... Se découragent-ils pour cela?...

[2] Page 47.

[3] Page 93.

L'État du Guerrero fut formé, en 1850, de la partie sud des États de Mexico et de Puebla, par son gouverneur, Alvarez, surnommé le roi du sud, qui se mit en révolte ouverte contre le président Santa-Anna.

[4] Ce qui contribue, du reste, à éloigner du Guerrero les voyageurs, c'est la terrible maladie qui y règne, la *pinta* ou

Elle doit être immense, si l'on en juge par les magnifiques échantillons d'or et d'argent natifs qui en arrivent à Mexico, et par ce qu'on raconte des trésors du despotique gouverneur de cet État, systématiquement dissident.

Dans le seul district de Tlachapa, au nord de Guerrero, on peut compter cinquante-quatre mines d'argent.

Celle de Guadalupe, près de Tepantitlan, est une des plus intéressantes de celles dont les produits sont écoulés par les deux ports d'Acapulco et de Zihuatanejo.

On cite en outre, près de là, deux mines en pleine activité qui fournissent de l'or, cinq qui donnent du mercure, cinq du plomb, sans compter l'anthracite, l'amianthe, le soufre, le salpètre, la couperose qu'on y recueille en divers autres points du territoire du Guerrero.

Le gisement de cinabre d'Ajuchitlan mérite, paraît-il, une mention spéciale et se prolonge sur une étendue de plus de dix lieues; il devrait, s'il en est ainsi, être immédiatement l'objet de mesures spéciales de nature à encourager efficacement sa mise en exploitation prompte et régulière.

Mais encore, faudrait-il pour cela que le gouvernement de Mexico pût étendre son action protectrice et faire respecter son autorité jusqu'à cinquante ou soixante lieues de la capitale, de ce côté, ce qui n'a malheureusement pas lieu maintenant.

jiricua, sorte de décomposition du sang, qui se trahit par des taches de toutes les couleurs sur toutes les parties du corps, et qu'on assure être contagieuses.

On trouve en outre, dans l'intérieur, un grand nombre de crétins et même quelques lépreux.

Les côtes du littoral en sont aussi excessivement malsaines.

Une personne qui a longtemps habité Acapulco nous a dit qu'un moyen infaillible, elle en parlait par expérience, de se mettre à l'abri des terribles fièvres qui désolent cette contrée, était de se plonger tous les jours, sans en excepter un seul, dans la mer,.... en prenant bien garde de ne pas servir de pâture aux requins, qui abondent dans ce port.

Départements du Michoacan, de Tancitaro et de Coalcoman (ancienne province du Michoacan).

Ces départements présentent un grand intérêt au point de vue métallurgique; ils ne renferment pas moins de vingt-cinq centres d'exploitations minières [1].

Le plus important est Angangueo dont la production s'éleva, de 1844 à 1848, à 218715 marcs ou près de 80000 kilogrammes d'argent (16 millions de francs).

En 1850, quinze haciendas de beneficio, bien organisées, fonctionnaient dans cette localité, et pour cinq d'entre elles, les *arrastres* étaient mis en mouvement par des moteurs hydrauliques.

1750 ouvriers étaient employés à Angangueo seulement, aux travaux des mines, et gagnaient 4 réaux (2 fr. 60 c.) par jour, en moyenne.

L'activité y est bien moins grande maintenant.

Les minerais qu'on y met en œuvre encore aujourd'hui sont traités soit au *patio*, soit par fusion (*por fundicion*), ce qui indique qu'ils contiennent nécessairement une assez forte proportion d'argent.

On y rencontre une variété de minerai toute particulière, les *bronces* (bronzes) ou *sorroches*, très-riches en pyrites de cuivre, et qu'on a l'habitude de soumettre à un traitement spécial. On les grille d'abord soigneusement, puis on les réduit en poudre fine; et comme ils contiendraient sans doute du sulfate de cuivre en trop grand excès pour le *patio*, on les soumet à un premier lavage avant de les y porter.

[1] On les nomme *minerales*, au Mexique.

Un *mineral* est donc le groupe des différentes mines qui sont situées sur un même point, dont le *mineral* prend alors le nom.

On dit le *mineral* de *Catorce*, le *mineral* de *Pachuca*, etc.

La mine de la Trinidad, à Curucupaseo, avait été mise en exploitation par une compagnie mexicaine.

Il faut bien que les résultats obtenus aient été satisfaisants, en général, puisqu'on avait commencé à introduire, dans le Michoacan, l'emploi des machines à vapeur [1].

L'argent qu'on y obtient est aurifère; on y a découvert de l'or natif près de Puruándiro.

Le cuivre, qui y est très-abondant, est habituellement mélangé aussi d'argent et d'or.

Le cinabre n'y est pas rare; on a signalé l'existence de gisements considérables de ce minerai de mercure dans les montagnes de Zináparo, et dans celles de Tepustepec. Dans ces dernières surtout, de nombreuses veines de cinabre se présentent à la surface même du sol; l'exploitation en serait des plus faciles; malheureusement elles sont peu riches et ne renferment que 4 onces et demie de métal par quintal de minerai.

Le département de Coalcoman a la réputation de contenir en masses énormes d'excellents minerais de fer; mais il touche au Guerrero, et rentre dans les conditions de cette province dissidente: on ignore tout à fait ce qui s'y passe.

Dans le Michoacan, on signale plusieurs exploitations, qui ne sont pas sans importance, de plomb, de charbon de pierre, d'antimoine, de soufre, d'émeri [2], de couperose, de magistral.

[1] Une machine de 125 chevaux a été installée aux mines de San Juan Nepomuceno et du Carmen, pour l'épuisement des eaux.

[2] L'émeri (corindon émeri) est un composé d'alumine (86) d'oxyde de fer (4) et de silice (3) disséminé dans des roches anciennes, et très-souvent mélangé de mica.

Département de Colima.

Cette partie du Mexique est bien peu souvent en communication régulière avec le reste du pays.

Pendant l'occupation française, un seul moment nos colonnes sont allées jusque-là, mais en passant, pour ainsi dire.

Ce département est peu connu, encore moins exploité ou exploitable, dans l'état actuel des choses.

Sur les côtes, on y prépare en très-grande quantité le sel marin pour le livrer ensuite à l'industrie minière qui en fait une si énorme consommation [1].

[1] Il y a sur le bord de la mer, à Cuyutlan, des salines renommées dans tout le pays pour l'abondance et la qualité de leurs produits et pour l'éclat des fêtes qui terminent les travaux. En entendant raconter les détails de celles-ci, on croirait assister à des scènes de la vie joyeuse et animée que les phalanstériens promettaient à leurs adeptes de leur faire mener.

Tous les ans, au mois de mars, quatre à cinq mille personnes viennent s'installer sur le bord d'une lagune qui s'étend jusqu'au port de Manzanillo, situé à une dizaine de lieues, et s'occupent de faire évaporer l'eau de mer sur des aires convenablement disposées.

Chaque atelier coûte environ 50 piastres (260 francs) d'installation, et donne de quatre-vingts à cent charges de sel, qui se vendent 12 réaux l'une (7 fr. 80 c.) au commencement de la saison, et valent jusqu'à 4 et 6 piastres (20 et 30 francs) au mois de juin, quand les pluies d'été font déserter les travaux. Cette opération est donc des plus lucratives, le propriétaire des salines ne prélevant, pour sa part, qu'un tribut de six charges par atelier.

Le nombre de ceux-ci varie d'une année à l'autre, de cinq cents à six cents et même sept cents. On peut donc dire, qu'année moyenne, il est produit, sur ce seul point, environ 8000000 de kilogrammes de sel.

Départements de Jalisco et d'Autlan.

L'exploitation des métaux, et celle des métaux précieux en particulier, a été très-active, dans l'ancienne province de Jalisco, à la fin du dernier siècle et au commencement de celui-ci. Interrompus pendant les guerres civiles, jusqu'en 1825, les travaux n'ont pas été repris depuis que sur une bien petite échelle, en général. On peut dire qu'on n'a fait jusqu'ici que prendre bien superficiellement connaissance des ressources métallurgiques de cette riche contrée, et la preuve, c'est que dans les deux départements réunis, on ne parviendrait certainement pas à trouver aujourd'hui cinq puits de mines ayant atteint 100 mètres de profondeur.

On ne peut y constater non plus l'introduction d'aucun des progrès de l'art métallurgique ; ce n'est qu'au *mineral* de Bolaños, par exemple, qu'on trouverait installée *une* machine à vapeur d'épuisement !

La présence de minerais d'argent exploitables a cependant été bien reconnue en un nombre infini de points ; et c'est peut-être même le grand nombre des entreprises différentes, le peu de ressources de chacune d'elles, par suite, qui en ont empêché le succès.

De tous ces *minerales,* d'une durée éphémère, il n'y en a plus aujourd'hui que vingt-quatre [1] dont on puisse faire mention.

[1] Ce sont, en première ligne, les mines de Analco, près Ahualulco, de Jalapa et de Cuale ; puis celles de Bolanos, d'Etzatlan, d'Amasaguas, près de Tépic, de San Sébastian, près d'Autlan ; après lesquelles nous placerons les mines de Santo Domingo, de Santo Thomas, de Palmarejo, de Ameca, d'Hostotipaquillo (Ahualulco) ; de Yesca, Cuitalpico, Tenamoche, Huisisila, (Tépic) ; Huachinango, Atlena, los Reyes, la Navidad, Ayutla (Autlan) ; Tapalpa et San Rafael (Sayula).

Presque toutes ces exploitations sont en souffrance; quelques-unes sont toutefois destinées évidemment à un bel avenir.

L'or accompagne l'argent dans la plupart des variétés de minerais qu'on trouve dans le Jalisco; fréquemment, il se présente à l'état natif, comme à Ameca, à Jalpa, et sur les hauteurs qui avoisinent les côtes du Pacifique, où il est ramassé et exploité dans plusieurs localités.

L'antimoine est excessivement abondant dans le Jalisco, quoiqu'on n'en recueille néanmoins que de faibles quantités.

On traite des minerais d'étain à Teocaltiche, entre Lagos et Aguas Calientes.

On obtient du cuivre sur divers points, mais principalement à Agua Blanca (Autlan), où les résultats sont des plus brillants, assure-t-on.

Il existe d'énormes gisements de fer à Lagos, à Sayula, à Zapotlan [1]; dans cette dernière localité, qui nous est plus particulièrement connue par de nombreux échantillons de ses beaux minerais, le fer magnétique est très-abondant.

Le mercure a donné lieu à une exploitation d'essai, à Capula, dans laquelle une compagnie de Guadalajara a perdu quelques capitaux, avant d'avoir pu reconnaître s'il n'existerait pas, à une profondeur un peu plus grande, des minerais plus riches que ceux qui se présentent à la surface du sol; les Indiens trouvent moyen de tirer parti de ces derniers; ils en retiraient journellement, en 1865, un peu de mercure qu'ils apportaient tous les dimanches à Sayula.

A vingt lieues environ au sud de la capitale du Jalisco, se trouve une chaîne de montagnes très-importante, la sierra de Tapalpa [2], dans laquelle on a rencontré aussi

[1] On attribue généralement à l'influence de ces immenses amas de fer la déviation considérable qu'on remarque dans la direction que prend l'équateur magnétique dans cette partie du globe terrestre.

[2] Un ingénieur du plus haut mérite, depuis ministre de

beaucoup de cinabre et de vermillon natif [1]. Ce minerai se présente en petits amas très-irréguliers de forme, et très-irrégulièrement disséminés dans une gangue d'argile, de marne et de calcaire terreux mélangés. Il est quelquefois très-riche et peut donner jusqu'à 70 pour cent de métal; mais le rendement le plus ordinaire a été, à la mine de Manto, de 20 livres de mercure par charge, ou de 6,6 pour cent. Toutes ces hauteurs sont couvertes de bois séculaires ; de nombreux petits cours d'eau en sillonnent les pentes; il semble en effet que tout soit préparé là par la nature, pour une installation minière d'une importance hors ligne [2].

Dans une autre partie du département de Jalisco, près des montagnes de Salsipuedes (monte si tu peux), ont été aussi découverts, il y a dix ans, de riches gisements de cinabre, à côté d'un feldspath terreux bien près de pou-

fomento, M. Luis Robles Pezuela, a fait, en 1844, une minutieuse exploration de cette chaine de montagnes; après avoir décrit, dans son rapport, les masses immenses de mercure, de fer, d'argent et d'or sur lesquelles il vient de mettre la main, il se demande, en finissant, si la Providence divine n'a pas choisi ce désert pour y placer le *non plus ultra* (*el hasta aqui*) de l'ambition humaine.

[1] On nomme *vermillon natif* ou *fleur de cinabre,* du mercure sulfuré en poussière, qui est souvent sans adhérence et tache les doigts ou bien qui colore le quartz en lui faisant prendre une belle couleur rouge.

[2] La commission dont faisait partie M. Robles Pezuela avait été d'avis que le gouvernement devait se charger de cette entreprise et employer les condamnés aux travaux forcés à l'exploitation de ces mines. Les événements politiques n'ont pas même permis de songer à donner suite à ce projet consciencieusement élaboré.

La commission avait établi qu'un minerai, pouvant rendre 1 pour cent seulement de mercure, devait couvrir tous les frais de son extraction et de son exploitation : tout le reste aurait donc été bénéfice.

voir être utilisé comme kaolin, et dans lequel est disséminé de l'oxyde d'étain en rognons.

La mine de San Romualdo, installée sur ce point, a eu d'abord une certaine période de prospérité, à cause de la richesse des premiers minerais qui se sont offerts aux mineurs, et qui donnaient 12 pour cent de mercure en moyenne, certains fragments en pouvant rendre jusqu'à 50, 60 et 70 pour cent; mais peu à peu, cette proportion du métal alla en diminuant; l'importance des gisements suivit la même marche décroissante, et les travaux furent forcément interrompus [1].

Indépendamment de tous ces métaux, le Jalisco peut encore fournir grand nombre d'autres substances minérales.

L'alun y existe en plusieurs endroits, et, à Hostotipaquillo notamment, dans une abondance telle qu'il ne vaut, à Guadalajara, que 8 à 10 réaux l'arrobe (de 5 fr. 20 c. à 6 fr. 50 c. les 11 kil. 50).

L'albâtre de San Esteban a reçu quelques applications dans cette même ville, où nous avons vu mettre aussi en œuvre un magnifique marbre blanc cristallisé, mat, tout à fait analogue aux plus rares marbres de Paros. A Autlan, à Zapotlan, à Contla, on exploite d'autres espèces de marbres d'une grande beauté. La chaux y est très-abondante et d'excellente qualité; elle présente parfois des propriétés moyennement hydrauliques.

Le canton de Lagos fournit un kaolin très-estimé, et celui de Mascote des pierres remarquablement propres à la lithographie.

Le territoire du village de San Cristobal, la montagne

[1] Pour donner une idée du peu de régularité que présentent ces gisements de mercure, il nous suffira peut-être de dire que, sur quarante puits de recherche, espacés dans l'étendue d'une lieue carrée, autour de San-Romualdo, plus de trente n'ont accusé la présence d'aucune quantité, même faible ou insignifiante, de cinabre.

del Col, et les environs de Tecolotlan renferment des exploitations de soufre natif, d'où l'on en retire de grandes masses.

Tout autour de Sayula, de Zacoalco, d'Atoyac et de Tizapam, on remarque, dans les temps de sécheresse, des efflorescences salines que les Indiens recueillent soigneusement et qu'ils nomment *tequezquite;* c'est un mélange de sel commun et de sesqui-carbonate de soude, où cette base entre dans la proportion de 15 à 30 pour cent. On en récolte ainsi, tous les ans, pour une forte somme d'argent.

Des schistes bitumeux, riches en huile de pétrole, sont en exploitation dans la *Barranca* [1] de San Cristobal, et dans le canton de Zapotlan.

Enfin, près du fameux pont de Tololotlan, du côté de la montagne de Iscuintla, on exploite aussi une belle veine de peroxyde de manganèse d'une grande pureté.

On pourra juger, par le tableau suivant, de l'importance actuelle des travaux métallurgiques dans le Jalisco et dans les provinces environnantes.

[1] On nomme *barrancas*, au Mexique, d'immenses fentes qui se sont produites, on ne sait quand ni comment, dans l'écorce du globe, et qui ont souvent plusieurs lieues d'étendue, avec une profondeur de 100 à 200 mètres, quelquefois davantage. A l'intérieur de ces barrancas, on jouit d'un climat beaucoup plus chaud encore que celui de la contrée où elles sont situées; de sorte qu'en général la nature et l'exubérance de la végétation, la présence de l'eau, qui ne manque pas de se rendre de tous côtés dans ces parties basses, en formant mille petits torrents capricieux, leur donnent un aspect remarquablement beau, qui contraste d'ordinaire avec l'aridité excessive des terres incultes qu'on a eu à traverser avant d'y descendre. Ce sont, pour la plupart, de ravissantes oasis dans le désert, de grandes serres naturelles. Dans les climats tempérés, on y récolte tous les fruits des terres chaudes.

ANNÉES.	MONNAIES FRAPPÉES.		VALEUR TOTALE	
	ARGENT.	OR.	EN PIASTRES.	EN FRANCS.
	P.	P.	P.	F.
1857	769424,81 ¼	21574	790998,81 ¼	4113194
1858	354788,50	7612	362400,50	1884482
1859	541222,80 ¾	18354	559576,80 ¾	2909799
1860	187509,56 ¼	11346	198855,56 ¼	1034049
1861	85687,62 ½	29772	115459,62 ½	600390
1862	265394,37 ½	»	265394,37 ¼	1380051
1863	294173	14512	308685	1605162
1864	252963	»	252963	1315408
1865	480417	»	480417	2498168
	P. 3231580,68 ¼	P. 103170	P. 3334750,68	F. 17340703

Département de Guanajuato.

On fait remonter à l'année 1554 la fondation de Guanajuato. On ne commença que quatre ans plus tard l'exploitation des fameuses mines de *Rayas* et de *Mellado*, à peu de distance de la ville.

Longtemps après, en 1770, fut découverte la mine de la *Valenciana*, dont l'heureux propriétaire reçut du roi d'Espagne le titre de comte de la Valenciana. Cette mine lui assura en outre un revenu annuel d'environ 3 millions de piastres ou 15 millions de francs, jusqu'au temps de la guerre de l'Indépendance [1].

[1] On peut juger de l'importance des travaux entrepris à la Valenciana, par ce qui suit.

Il y existe quatre puits d'extraction qui ont coûté plus de 2 millions et demi de piastres (13 millions de francs). Le plus

En 1826, une Compagnie Anglaise consacra une somme considérable à en entreprendre l'épuisement, et n'obtint qu'un succès partiel et incomplet; les travaux furent abandonnés au bout de peu de temps [1], et la mine est aujourd'hui presqu'entièrement inondée.

Les mines de la Luz, situées à près de quatre lieues de Guanajuato, ont aussi donné pendant longtemps de magnifiques revenus à leurs actionnaires [2].

En 1850, on ne comptait pas moins de soixante-dix mines dans l'État de Guanajuato, et de quarante haciendas de beneficio ou *zangarros* [3], faisant mouvoir ensemble 1132 *arrastres* (moulins).

On estimait à 3 millions de piastres (15 millions de francs) les frais de traitement des minerais, par année; le produit en avait été, en 1850, de 8 466 430 piastres et de 44 332 onces d'or [4], ayant ensemble une valeur de près de 37 millions de francs.

grand n'a pas moins de 37 mètres de circonférence et de 600 mètres de profondeur.

L'eau s'y élevait, dernièrement, jusqu'à 150 mètres, à partir de l'orifice de ce puits.

[1] La machine de Cornouailles, à basse pression et à condensation, de la force de 40 chevaux, sous la pression de une atmosphère et demie, qui avait été installée à la Valenciana en 1825 et 1826, cessa d'y fonctionner en 1835 et fut achetée, en 1857, pour la mine de Rayas où elle rend de grands services.

[2] Les usines de la Luz et de Santa-Lucia passent pour avoir donné, l'une et l'autre, plus de 15 millions de piastres, de 1843 à 1852.

[3] On nomme *zangarro* une hacienda de beneficio de second ordre, dont l'organisation est moins importante et moins complète que celle d'une véritable hacienda de beneficio.

[4] D'après un rapport de M. le gouverneur Muñoz Ledo, présenté, en 1852, à la législature de l'État de Guanajuato, l'hôtel des monnaies de cette ville a frappé, depuis le 1er janvier 1827 jusqu'au 31 décembre 1851, pour 99 millions de

Voici maintenant quelques détails sur l'état où se trouvaient, en 1866, toutes ces mines de Guanajuato.

Nous avons déjà parlé [1] de la *veta madre* (veine mère) qui a fait l'immense richesse de ce *mineral*. Toutes les autres veines argentifères de second ordre qui ont été exploitées sont formées comme celle-là, d'où elles dérivent sans doute, de sulfure d'argent et d'un peu d'or [2], avec une gangue de quartz. Sur quelques points, on voit apparaître un peu de minerai de cuivre, et même du cinabre, en assez grande abondance [3].

Les mines forment trois arrondissements différents, autour de Guanajuato, d'après leur position par rapport à la veta madre.

Vers le haut de celle-ci, on compte quatre-vingt-onze mines, qui se répartissent inégalement entre Melladito et la Luz [4].

Au centre, il y a quatre *minerales* différents : celui de Santa Ana (Sainte-Anne), composé de 10 mines; celui du centre proprement dit, formé de trente et une mines, parmi lesquelles la Valenciana, Mellado, Rayas,... etc.; le *mineral* de *Sirena* (sirène), qui ne compte que cinq mines, tandis que celui de San Bruno (Saint-Bruno) enfin, en comprend dix-huit : total, pour l'arrondissement du centre, soixante-quatre mines.

piastres (500 millions de francs environ) de numéraire, somme dans laquelle les dix premières années figurent pour 59 millions de piastres environ, c'est-à-dire pour plus de la moitié de ce qu'a produit en totalité cette période entière de vingt-cinq années.

[1] Note de la page 26.

[2] Quelques lingots très-riches donnent jusqu'à mille grains d'or par marc d'argent, plus du cinquième du poids total. On en cite même qui contenaient dix-huit cents grains d'or par marc de métal.

[3] A *San Antonio de las minas* (Saint-Antoine-des-Mines).

[4] Melladito en a vingt et la Luz soixante-onze.

Sur le bas de la même veta madre, il y a aussi quatre *minerales* distincts : *El monte* (la montagne), dix-huit mines; *Villalpando*, onze mines; *Santa Rosa*, dix-neuf mines; *El Durazno* (le pêcher), cinq mines. Il y a donc, en totalité, au bas de la veta madre, cinquante-trois mines.

Nous sommes bien loin, avec ce chiffre imposant de **deux cent huit** exploitations minières, des soixante-dix mines qui existaient en 1850 à Guanajuato.

Cette prospérité croissante est malheureusement plus apparente que réelle, et si l'on a porté les travaux sur un plus grand nombre de points, on a évidemment rencontré en chacun d'eux de bien moins grandes ressources en minerai; la preuve en est qu'aujourd'hui presque toutes ces mines sont mises au régime des *buscones* [1], et que s'il y a encore à Guanajuato trente-trois haciendas de beneficio et treize *zangarros* en activité, le nombre des moulins (arrastres) qui y fonctionnent a cependant diminué depuis 1850, puisqu'il n'est maintenant que de neuf cent cinquante-deux pour les haciendas et de quatre-vingts pour les *zangarros*, ce qui fait un total de mille trente-deux *arrastres* seulement.

On estime que chacun de ces moulins peut broyer, par jour, 2 charges de minerai de 14 arrobes (ou 322 kil.), d'où il résulte que le travail de chaque semaine porte sur 12384 charges de minerai, quantité précisément égale à celle qu'on extrait ordinairement des mines [2], dans le même espace de temps et qui a pour valeur 1354 *montones* et demi de 32 quintaux.

[1] Page 46.

[2] Il faut cependant tenir compte de ce que le quart ou le cinquième de ces minerais est tout bonnement pris sur les *terreros*, autrefois considérés comme ne pouvant être utilement exploités, mais qu'on reprend aujourd'hui avec bénéfice, par suite des économies réalisées, dans ces derniers temps, dans les dépenses du traitement au *patio*.

La consommation du magistral est calculée sur le pied de 30 livres par *monton*, et s'élève par suite à 1 625 arrobes (18687 kil. 50) par semaine.

Le sel qu'on emploie vient en grande partie *del Peñon*[1]; on en consomme habituellement 4 arrobes et demie par *monton* de minerai, soit 6095 arrobes (70092 kil. 50) dans une semaine de travail.

Quant au mercure, la quantité à employer est calculée à raison de 12 onces par marc d'argent à obtenir, et d'après les résultats qu'ont donnés les essais au laboratoire.

En indiquant ici les quantités d'or et d'argent monnayées à Guanajuato, de 1857 à 1865, nous nous abstenons de reproduire les observations qui ont déjà trouvé leur place ailleurs[2].

[1] On a mis en exploitation, il y a une dizaine d'années, de belles salines au Peñon, près de Zacatecas, et on comprend que les mineurs de Guanajuato aient bien plus d'avantage à s'approvisionner là qu'à Colima.

Le prix du sel est cependant plus élevé au Peñon; la charge de 3 quintaux vaut tout près de 10 piastres et a même atteint 15 piastres en 1855, l'abondance des pluies ayant interrompu, cette année-là plus tôt qu'à l'ordinaire, les travaux des salines.

[2] Note de la page 22.

Nous devons faire observer en outre que ce n'est pas de Guanajuato seulement que proviennent tous les métaux précieux apportés à l'hôtel des monnaies de cette ville; onze autres minerales contribuent à l'alimenter pour une petite part. Ce sont : Santa Ana, Leon, Santa Rosa, San Felipe, Dolores Hidalgo, Santa Cruz, Pénjamo, San Luis de la Paz, Xichú, Gato et Arteaga.

Beaucoup de ces mines ne sont plus en activité aujourd'hui.

ANNÉES.	MONNAIES FRAPPÉES.		VALEUR TOTALE	
	ARGENT.	OR.	EN PIASTRES.	EN FRANCS.
	P.	P.	P.	F.
1857	4 747 300	566 600	5 313 900	27 632 280
1858	4 725 256	449 744	5 175 000	26 910 000
1859	5 046 120	438 840	5 484 960	28 521 792
1860	5 371 271	317 729	5 689 000	29 582 800
1861	4 887 200	496 640	5 383 840	27 995 968
1862	4 250 844	409 156	4 660 000	24 232 000
1863	5 242 200	495 200	5 737 400	29 834 480
1864	4 113 200	546 800	4 660 000	24 232 000
1865	3 572 000	488 000	4 060 000	21 112 000
	P.	P.	P.	F.
	41 955 391	4 208 709	46 164 100	240 053 320

Département de Zacatecas.

Les veines argentifères qu'on rencontre dans le soulèvement géologique si remarquable de ce département, sont à peu près innombrables. Les trois principales sont : la *Veta grande* [1], *San Bernabé* (Saint-Barnabé), et *la Cantera* (la carrière de pierres).

La première, dont l'exploitation a commencé dès 1545, a donné naissance, dès cette époque, à un centre minier *Nuestra srà de la veta grande* (Notre-Dame de la grande veine), dont l'importance s'est progressivement augmentée de 1790 à 1826, période de temps pendant laquelle les mines qui l'entouraient ont produit 2 463 716 marcs d'argent (ou 566 654 kil. 68 ayant une valeur de 113 330 936 fr.).

Dans ce chiffre, nous ne comprenons pas le rendement de la fameuse mine de la Milanesa qui fut, à deux époques différentes, tellement considérable cependant, qu'il devint

[1] Note de la page 26.

l'origine de la fortune princière de deux maisons illustres du pays, celle des comtes de Santiago de la Laguna, et des comtes de Saint-Mateo Valparaiso, marquis del Jarral de Berry.

Nous n'y faisons pas entrer non plus le produit des mines situées à Alvarado, à Gajuelos, à la Concepcion, à Gallega et à la Cata de Juanes, qui ont donné, à diverses époques, des sommes considérables d'argent.

Le quartz y forme toujours la gangue la plus ordinaire du minerai d'argent. Il est rarement cristallisé, mais se présente sous les différentes variétés de quartz compacte, de quartz aéro-hydre, de quartz terreux, et de quartzite. Ces ardoises ne manquent pas de s'y montrer aussi en masses énormes [1].

Le minerai lui-même est du sulfure d'argent, de l'argent gris, de l'argent natif et de l'argent libre [2].

On compte trente-quatre mines autour de Santa Maria de veta grande, et trente-huit dans le canton de *las nieves* (des neiges).

Le canton de Pinos, situé entre Zacatecas et San Luis de Potosi (Saint-Louis de Potosi), n'en comprend, pour son compte, pas moins de quatre-vingt-quatre, qui toutes pourraient fournir un minerai excellent, et dont pas une seule, peut-être, n'a été sérieusement exploitée encore.

La plupart de celles-ci sont placées au-dessus d'une veine d'une grande puissance, *la Quebradilla,* dont la surface seule, pour ainsi dire, a été travaillée jusqu'à présent et dont on avait néanmoins retiré déjà, en 1775, plus de 2600000 piastres, ou de 11752000 francs.

Le tableau suivant montrera bien, ce nous semble, ce que sont les ressources qu'on trouve, de nos jours, à Zacatecas et dans ses environs.

[1] La veine de Saint-Barnabé, notamment, traverse, sur une grande étendue, de véritables montagnes d'ardoises.

[2] *Plata polvorilla* ou argent en poussière.

ANNÉES.	MONNAIES FRAPPÉES.		VALEUR TOTALE	
	ARGENT.	OR.	EN PIASTRES.	EN FRANCS.
	P.	P.	P.	F.
1857	3 805 000	»	3 805 000	19 786 000
1858	3 801 000	41 456	3 842 456	19 980 771
1859	3 662 448	137 552	3 800 000	19 760 000
1860	3 694 000	43 000	3 737 000	19 432 400
1861	4 576 000	124 000	4 700 000	24 440 000
1862	4 475 000	65 000	4 540 000	23 608 000
1863	4 344 000	56 000	4 400 000	22 880 000
1864	3 629 000	31 000	3 660 000	19 032 000
1865	4 268 000	52 000	4 320 000	22 464 000
	P.	P.	P.	F.
	36 254 448	650 008	36 904 456	191 903 171

Département de Fresnillo.

Le *cerro de Proaño* (montagne de Proaño) sur lequel sont assises toutes les exploitations minières de Fresnillo, à quatorze lieues au nord-est de Zacatecas, présente cette particularité très-remarquable qu'il ne fait pas partie d'une chaîne considérable, comme on en rencontre à Guanajuato, à Catorce et à Zacatecas même; il n'a guère que 195 vares (165 mètres) d'élévation au-dessus du point où la ville est construite [1] et a, pour base, un rectangle d'environ 1418 vares (ou 1 200 mètres) sur 981 vares (820 mètres). Il est entièrement isolé dans cette vaste plaine avec laquelle il se raccorde par plusieurs monticules peu élevés, qui semblent être les dernières ramifications des montagnes de Zacatecas.

[1] Fresnillo est à 2631 vares au-dessus du niveau de la mer, et le sommet du Proaño à 2826 vares.

On n'y a point découvert de veines d'une grande puissance; mais, les nombreux filons argentifères qu'ils renferment s'entre-croisent dans tous les sens, jusqu'à la surface du sol, et se prolongent parfois à plus de 800 mètres dans les parties planes, sans qu'aucun d'eux ait nulle part plus de 1 mètre à $1^{m},50$ de largeur [1].

Il n'est pas douteux que ces mines n'aient été exploitées par les Espagnols, très-peu de temps après la conquête du Mexique. Comme elles leur donnaient en quantité considérable, et sans exiger de travaux d'extraction, de l'argent vert (du chlorure d'argent) dont le traitement n'était nullement compliqué d'ailleurs, on comprend que d'importantes exploitations aient été de bonne heure établies sur ce point; il en reste des traces évidentes dans les énormes amas de *tepetates*, (de gangue, de minerais pauvres) qui couvrent le Proaño dans toutes les directions. Une autre circonstance, très-favorable pour les anciens mineurs, résultait de ce qu'ils n'avaient pas à craindre d'être contrariés dans les travaux de mines par les eaux souterraines, tant qu'ils ne s'abaissaient pas notablement du moins au-dessous du niveau général de la vallée.

Quand les capitalistes anglais entreprirent à l'envi d'exploiter les mines d'argent du Mexique [2], une des compagnies qui se formèrent, la *Compagnie Mexicaine*, fit un traité avec les propriétaires de celles de Fresnillo; mais sans doute, les conditions qui lui furent imposées se trouvèrent, comme cela avait lieu presque partout alors, trop onéreuses, car, après un interminable et ruineux procès, cette Compagnie renonça tout à fait à entreprendre même les travaux de recherche les plus indispensables.

[1] Un très-grand nombre de ces filons n'ont pas une largeur supérieure à trois ou quatre doigts : les mineurs les nomment alors *cintitas* (petits rubans). On en a rencontré beaucoup en creusant des puits dans l'enceinte même de Fresnillo.

[2] Page 14.

Vers la fin de 1830, un décret spécial du congrès de la province décida que ces mines feraient retour au domaine de l'État et leur assigna des limites très-étendues.

L'année suivante fut employée en entier à des travaux d'épuisement, dont on pourra apprécier l'importance quand nous aurons dit que pendant l'été de 1832, on était en mesure de faire fonctionner sans relâche de 28 à 30 *malacates* devenus indispensables pour préserver d'une inondation désastreuse les travaux en voie d'exécution, qui avaient lieu au compte du gouvernement; cette régie n'eut d'ailleurs pas un succès bien durable.

Vers la fin de 1832, on avait bien retiré des usines 73664 charges de minerai, ayant produit 757 866 piastres (3 940 900 francs) d'argent; en 1833, on était bien arrivé à en extraire, chaque semaine, à peu près régulièrement 3 320 charges, dont la richesse atteignait, en moyenne, 9 marcs d'argent par *monton* (2 kil. 07 pour 1 472 kil. ou quatorze dix-millièmes environ), et qui, en totalité, donnèrent, cette année-là, 1 596 130 piastres, (8 299 876 francs). Mais le gouvernement local recula devant la nécessité de faire venir, à Fresnillo, des machines à vapeur [1], pour

[1] Nous ne décrirons pas longuement le système complet des pompes aspirantes et foulantes installé à Fresnillo; il nous semble suffisant de dire que pour arrêter les progrès de l'eau souterraine, on y fait marcher ces pompes à la vitesse de neuf coups de piston par minute; qu'à chaque coup on extrait 9,621 pieds cubes d'eau, ce qui fait 173,178 pieds cubes (environ 6^{m3}) pour le volume de l'eau qui afflue, chaque minute, dans l'intérieur de la mine.

On peut calculer aisément l'économie réalisée par la Compagnie au moyen de l'emploi de machines à vapeur en remplacement des *malacates*, et l'on trouve qu'elle n'est pas inférieure à 250 000 piastres (1 250 000 francs) par an. Disons en outre que les eaux extraites des mines sont employées avec grand avantage pour l'irrigation des plaines qui entourent la ville et qui produisent d'excellents fourrages, ainsi que beaucoup de maïs *de riego* ou maïs d'irrigation.

mettre en plein rapport les parties basses de ces mines où l'on rencontrait le minerai de beaucoup le plus riche ; il traita avec une Compagnie Anglaise dont la mise de fonds ne fut pas énorme, vu l'état d'avancement du travail dont elle profita ; et cette Compagnie, assure-t-on, ne retira pas moins de 30 pour cent de revenu du capital qu'elle avait engagé dans cette spéculation.

Les événements politiques qui replacèrent la province de Zacatécas sous l'autorité du gouvernement central de Mexico, après la mémorable défaite de sa milice civile, donnèrent un nouvel essor aux travaux métallurgiques et amenèrent la formation d'une Compagnie nouvelle qui prit le nom de Zacatécano-Mexicaine, et entre les mains de laquelle Fresnillo a donné d'excellents résultats.

On affirme que le rendement annuel s'est élevé, pendant plusieurs années, jusqu'à 2 millions de piastres ou 10 millions de francs, sur lesquels on compte environ 800 000 piastres ou 4 millions de francs de bénéfice net, par année.

Le nombre des ouvriers mineurs, employés dans les mines de Proaño, n'est pas au-dessous de 1660 [1].

[1] La population de Fresnillo, qui n'était que de deux mille âmes à la reprise des travaux en 1831, s'est élevée jusqu'à dix-sept mille, deux ans après : elle a un peu diminué depuis cette époque.

La ville, d'ailleurs, s'est beaucoup embellie depuis 1840, époque où fut construit le fameux monument commémoratif du 16 septembre 1810, élevé sur la Grande Place. Il est assez curieux de constater, en passant, que, bien avant nous, peut-être, les Mexicains savaient que le moyen le plus avantageux de tirer parti de la force musculaire des hommes est de leur demander seulement d'élever le poids de leur corps à certaine hauteur. A Fresnillo, au-dessus du puits principal qui alimente d'eau potable la population, est placée, de temps immémorial, une roue que deux condamnés font mouvoir en s'élevant sur des gradins convenablement disposés à l'intérieur. En France.

Quant aux différents minerais qu'on rencontre à Fresnillo, on peut les ranger en trois classes distinctes : les *colorados* (rouges), les *negros* (noirs), comme à l'ordinaire, et les *azulages* (minerais à reflets bleuâtres).

Les premiers n'existent pas à une profondeur de plus de 50 à 60 mètres au-dessous de la surface du sol; ils sont friables en général et ont pour gangue du quartz ferrugineux plus ou moins abondant, accompagné parfois d'oxyde de fer, et se composent d'argent libre ou natif, de chlorure d'argent (argent vert) et de sulfate d'argent.

Immédiatement au-dessous des *colorados*, on trouve les *negros*, minerais compactes, peu connus autrefois, quand on n'exploitait que les parties superficielles des gisements argentifères, qui forment au contraire, aujourd'hui, l'élément essentiel de ces exploitations, et dont la richesse paraît être d'autant plus grande qu'on va les chercher à des profondeurs de plus en plus considérables. C'est là qu'on peut trouver le *rosicler* obscur, l'argent aigre (*plata agria*), les galènes argentifères, l'ipsilomelan, qui affecte souvent des formes bizarres, très-curieuses, dans les parties supérieures des galeries qu'attaquent les eaux d'infiltration.

Le quartz, les ardoises s'y présentent à côté d'oxydes de fer, ou quelquefois, comme à Oscura, près de pyrites cuivreuses argentifères. A Beleña, c'est du sulfate d'argent pur qu'on rencontre mêlé à des cailloux de quartz compacte et d'agate.

La troisième espèce de minerais de Fresnillo, qui est presque spéciale à cette localité (les *azulages*), ne peut être recueillie qu'à côté des veines principales d'argent et dans les roches adjacentes. Ces dernières sont, en effet, très-fréquemment mélangées, tout autour de la veine

on a, comme on le sait, appliqué en grand ce principe de mécanique pratique pour les remblais des fortifications de Paris.

qu'elles accompagnent et jusqu'à une distance de celle-ci qui varie de 0m,50 à 0m,80, d'argent libre très-disséminé, de chlorure, de sulfate d'argent.

Les *negros* sont considérés comme les minerais les meilleurs et comme pouvant rendre 4 onces d'argent par quintal de pierres, tandis que les *colorados* ne donnent que 3 onces et demie, et les *azulages* que 3 onces.

En quelques endroits, on peut constater, à côté de l'argent, l'existence de sulfates de plomb et de zinc, dans une gangue de pyrites de cuivre.

Il existe, à Oscura, un petit filon de cuivre natif qui coupe la veine d'argent la plus importante, et dont nous possédons un échantillon intéressant.

Enfin, tout au pied du Proaño se montre, çà et là, un peu d'or natif, mais en si petite quantité, qu'il ne peut être l'objet d'une exploitation suivie. On admet même que l'argent de Fresnillo ne contient pas d'or du tout, ce qui signifie qu'on ne trouverait pas d'intérêt à en retirer le peu qu'il en renferme.

C'est au nord et à l'est du *cerro de Proaño* que sont situées les mines qui ont été les plus productives jusqu'à présent; on n'en compte pas moins d'une vingtaine, sans parler de deux ou trois petites [1], qui appartiennent à des particuliers. Toutes ces mines sont comprises dans un grand rectangle ayant 4 000 vares (3352 mètres) de côté, dans la direction est-ouest, et 3000 vares (2514 mètres) du nord au sud.

Elles forment quatre districts différents, pour chacun desquels nous n'aurons que peu de chose à ajouter maintenant.

District de Beleña. — On y trouve six belles veines argentifères, à peu près parallèles entre elles, dont la principale a été déjà exploitée jusqu'à plus de 300 vares (250 mètres) de profondeur.

[1] Barbosa, San Nicolas, la Valencia.

Le puits qui porte ce nom et celui de *San Francisco* (Saint-François) ont été creusés aux frais du gouvernement de la province; le premier a 17 pieds sur 8 de section, et le second près de 6 pieds carrés.

C'est en ce point qu'ont été installées, depuis, les machines d'épuisement.

District de Barreno y oscura. — On a donné le même nom à la veine d'argent très-remarquable qui a été découverte de ce côté du Proaño, et qui passe pour la plus importante de cette partie du Mexique.

Elle a, par elle-même, une puissance de près de 2 mètres, en certains endroits; mais elle est accompagnée, en outre, par un nombre assez grand de veines secondaires qui lui sont à peu près parallèles, ou bien qui viennent la couper sous d'assez grands angles.

Les nombreux travaux exécutés sur ce point ont permis d'étudier bien complétement ces veines secondaires. En creusant une galerie latérale (*un crucero*) au sud de Catillas, on a coupé successivement onze de ces filons d'argent. On en connaît aujourd'hui trente-cinq principaux, dans ce seul district, et les directions en ont été soigneusement observées à différentes époques.

District de Colorada. — Dans ce district, situé tout au nord du Proaño, on a découvert, il y a bien des années, trois veines très-productives, qui portent les noms de *Santo Domingo* (Saint-Dominique), de *Colorada* (rouge), et de *San Pedro* (Saint-Pierre); elles sont à peu près parallèles entre elles; et la dernière, dont l'exploitation a été commencée anciennement à ciel ouvert, tout au sommet de la montagne, présente cette particularité remarquable qu'elle est inclinée d'environ 45° sur l'horizon.

Les deux autres ont été exploitées jusqu'à une profondeur qui dépasse 400 vares (335 mètres).

District de Plateros. — A une lieue environ de Fresnillo, vers la partie ouest du *cerro de Proaño,* et au bas de ses pentes, se trouve placé Plateros; c'est là, au reste, la partie de cette montagne la moins connue jusqu'à présent ; on n'en a guère exploité encore que les couches supérieures, et le puits que le gouvernement y fit creuser vers 1832, pour l'épuisement des eaux, n'a pas atteint plus de 76 vares (63 à 64 mètres) de profondeur.

Tout près de là, à Plateritos, on a suivi jusqu'à 60 vares (50 mètres) une autre veine argentifère qui a été totalement délaissée en 1833, mais sur la richesse de laquelle on n'avait pas encore eu le temps d'être bien renseigné à cette époque.

A Plateros, en résumé, les *colorados* ont donné d'excellents résultats ; mais quand on s'est enfoncé à plus de 100 ou 120 mètres, on a eu affaire aux *negros*, à des blendes, des galènes, des pyrites de fer ou de cuivre beaucoup plus pauvres en argent et qui, le plus souvent, ne sont pas *costeables*, pour employer une fois de plus le langage des mineurs.

La *hacienda nueva* de Fresnillo jouit d'une immense réputation au Mexique, et passe pour être l'une des plus importantes et des mieux organisées du pays. On peut compter, dans les environs, dix à douze autres de ces usines où se fait le traitement proprement dit du minerai, au *patio*, en général, et tout à fait exceptionnellement *por fundicion*, par la fusion.

Département de Potosi.

Ce département est traversé, du sud au nord, par une chaine de hautes montagnes, qui restent à l'ouest de San Luis de Potosi, et sur lesquelles sont situés les importants *minerales* de Charcas et de Catorce, ce dernier appartenant maintenant au département de Matehuala.

A l'est de la ville, dans le *cerro de San Pedro* (montagne de Saint-Pierre) et à Guadalcazar, existent encore ou ont existé autrefois d'importantes exploitations minières; enfin, au sud-ouest, dans le district de Pinos, se trouvent les *minerales de Ramos*, *d'Ojo caliente*, qui mérite aussi de nous arrêter quelques instants, comme on pe en juger par le tableau suivant, indiquant la valeur d monnaies d'or et d'argent qui en proviennent depuis di ans.

ANNÉES.	MONNAIES FRAPPÉES en ARGENT.	VALEUR EN FRANCS.
	P.	F.
1857	1 227 044,75	6 380 632
1858	556 581,50	2 894 223
1859	230 249	1 197 295
1860	247 337	1 286 152
1861	2 210 533,50	11 494 783
1862	2 924 384,50	15 206 799
1863	2 095 882	10 898 586
1864	1 771 070	9 209 564
1865	180 301	937 565
	P.	F.
	11 443 383,25	59 505 599

District de Venado. — Mines de Charcas.

La ville de Charcas fut fondée, en 1574, par D. Juan d Oñate Moctezuma, arrière-petit-fils de l'Empereur de c nom. Les Indiens indépendants la livrèrent aux flamme en 1553 [1]; et quand on entreprit de la reconstruire, on l

[1] Il existe aujourd'hui, sur le premier emplacement qu' occupé Charcas, un petit centre de population qu'on nomm *Charcas viejas* (Charcas-le-Vieux) où l'on voit encore le ruines de l'église et du couvent de *San Francisco* (Saint François). Les moines franciscains avaient entrepris, en vér tables missionnaires, de convertir les peuplades sauvages q habitaient, en ce temps-là, cette portion du territoire d Mexique.

plaça à quatre lieues plus à l'est, pour la rapprocher des mines alors en exploitation, San Cristobal et San Diego, chacune desquelles fournissait d'énormes quantités de minerais.

Ceux-ci se composaient en très-grande partie de chlorure d'argent (*plata cornea,* argent corné) : mais on ne savait pas profiter, dans ce temps-là, des grandes facilités que ce minerai présente pour son traitement métallurgique; de plus, l'eau arrivait en abondance dans les travaux, dès qu'ils atteignaient 10 à 12 mètres seulement de profondeur. Aussi, ces premières exploitations n'eurent-elles pas beaucoup d'avenir, et les nombreuses *haciendas de beneficio* auxquelles elles avaient donné naissance, et qui furent si florissantes un moment, tombèrent-elles bientôt en ruine [1].

En 1600, sept autres entreprises minières vinrent se former dans un rayon d'une vingtaine de lieues autour de Charcas; mais deux d'entre elles seulement [2] arrivèrent à un état de prospérité bien réelle, dont témoignent les vestiges qui en sont restés dans chacune de ces localités.

Les tribus Indiennes insoumises inquiétaient cependant à tout instant les mineurs; et il en résulta que dès qu'on eut commencé à exploiter, en 1777, les inépuisables gisements argentifères de Catorce, tous les ouvriers de Charcas abandonnèrent leurs mines pour courir vers ce nouveau centre industriel où ils étaient assurés de trouver à la fois de plus grandes richesses naturelles et une plus entière sécurité.

L'ancienne mine de San Diego elle seule, ne fut pas entièrement délaissée; vu les ressources toutes particulières qu'on trouve à Charcas, pour le traitement des minerais d'argent [3], on put y continuer avec bénéfice les travaux en

[1] Ces ruines sont, de nos jours, en grand nombre dans les environs de Charcas.

[2] San Carlos et El Sabino.

[3] Nous en avons déjà dit quelques mots, note de la page 63.

cours d'exécution; et peu à peu, séduites évidemment par les mêmes avantages, d'autres Compagnies s'organisèrent et s'installèrent en une foule d'autres points des environs de cette ville.

Aujourd'hui, on compte huit *minerales* différents, dans le district, dont quatre ont été abandonnés par les concessionnaires, sans avoir été depuis demandés (*denunciados*) par d'autres spéculateurs.

Il existe à Charcas trois haciendas de beneficio où l'on traite les minerais par l'amalgamation, et deux où l'on emploie la méthode *por fundicion*, par la fusion.

Les premières ont 40 arrastres chacune; les unes et les autres ont été d'ailleurs installées avec une prudente économie, et sans le moindre luxe.

Les minerais qu'on exploite à Charcas sont des *negros*, qui y prennent souvent le nom caractéristique de *aguas abajo* (sous les eaux), et dont la base est le sulfure d'argent. On y trouve, associés, des blendes, des galènes, des pyrites de fer et de cuivre, du carbonate et du sulfate de plomb, de l'oxyde et du carbonate de cuivre, du sulfure d'antimoine, etc. Aussi, comme nous l'avons dit ailleurs, faut-il faire passer ces minerais dans le four à reverbère, avant de les traiter par la voie humide, au patio, ou bien par la fusion.

L'extraction devrait en avoir lieu sur une très-grande échelle, tant les veines ont de puissance, et tant la nature de la roche pourrait aussi favoriser le travail; mais on est limité à cet égard par l'insuffisance des usines de traitement de minerai, auxquelles on n'ose donner une trop rapide extension, de peur de mécomptes ou d'insuccès.

On se borne à opérer sur 800 charges par semaine, environ, lesquelles peuvent donner en moyenne de 110 à 120 kilogrammes d'argent, représentant une somme de 22 à 24000 francs.

La consommation du combustible s'élève, par semaine, à 10000 arrobes (115000 kil.) de bois, ayant une valeur totale de 312 piastres et demie, à un quart de réal l'arrobe; et à 450 arrobes de charbon, à 1 réal (0 fr. 65 c.) l'arrobe.

Celle du mercure dépasse rarement 200 livres, dans le même temps; celle du sel est de 60 charges (11000 kil.); celle de la poudre de 10 arrobes (115 kil.).

Les ouvriers sont payés suivant la nature des fonctions qu'ils remplissent. Les mineurs proprement dits reçoivent habituellement 4 réaux (2 fr. 60 c.) par jour; les manœuvres, 2 réaux et demi ou 3 réaux (1 fr. 60 c. ou 1 fr. 95 c.); il arrive cependant que les premiers touchent 6 réaux (3 fr. 90 c.) ou une piastre (5 fr. 20 c.) même, quand ils sont employés à des travaux souterrains plus pénibles ou plus périlleux que l'extraction simple du minerai.

Le travail des *quebradores,* occupés à faire le triage des diverses qualités de minerais, est en général payé à la tâche, à raison de 1 réal (0 fr. 65 c.) par charge (184 kil.)

Les ouvriers en bois et en fer, les maçons, plâtriers, etc., ont des journées qui sont rarement de plus de 4 réaux (2 fr. 60 c.).

Il en est de même de ceux qui travaillent dans les haciendas de beneficio.

La solde de tout ce personnel s'élève, à Charcas, avec les autres dépenses d'exploitation, à 3000 piastres (15600 fr.) chaque semaine, ce qui fait, au bout de l'année, une somme de 156000 piastres (811200 fr.) qu'il faut déduire de la production totale de l'argent, ou d'environ 1300000 francs, pour obtenir un produit net annuel de près de 500000 francs.

Les mines de Charcas sont donc encore bien loin, comme on le voit, de donner d'immenses profits à ceux qui en ont obtenu la concession; mais, par leur nature, elles présentent le grand avantage d'être à peu près, et pour longtemps, à l'abri de ces chômages accidentels qui ont ruiné tant de gens au Mexique; si leur revenu, susceptible d'augmentation, est encore modeste, relativement parlant, on peut du moins le considérer comme à peu près assuré.

Mineral del cerro de San Pedro (montagne de Saint-Pierre).

Ce fut sans doute bien peu de temps après la conquête du Mexique par Fernand Cortez que cette montagne commença à être exploitée, car des écrits de 1580 font les récits les plus séduisants des trésors qui en avaient déjà été retirés à cette époque.

D'énormes *terreros* sont là, d'ailleurs, en grand nombre, pour rendre témoignage de l'activité de ces premiers travaux.

Leur durée en fut, d'ailleurs, bien éphémère sans doute, puisqu'en 1727 le marquis de Casa Fuerte, vice-roi, constata, dans un rapport officiel, que ces mines étaient abandonnées, depuis plus d'un siècle, aux Indiens pauvres des environs, qui y ramassaient des pépites d'or du poids de 5 à 6 onces, de l'argent natif aurifère en échantillons volumineux, et beaucoup de *plata cornea* (chlorure d'argent).

Les minéralogistes de San Luis Potosi vantent extraordinairement les richesses du cerro de San Pedro, susceptibles, selon eux, de fournir plus d'or et plus d'argent qu'on n'en a retiré de Catorce et de Guanajuato !

Quoiqu'il ne soit éloigné que d'une quinzaine de lieues de San Luis, le *cerro* est, en temps ordinaire, tout à fait inabordable aux visiteurs ; les Indiens ont peut-être autant d'intérêt que les voleurs de grand chemin à n'en partager avec personne la jouissance ?

Sous la protection du drapeau français, flottant à San Luis Potosi, et grâce à la sécurité que nos colonnes mobiles rendaient momentanément à ce pays si profondément agité, quelques mines avaient été mises en rapport, sur le *cerro*, dans ces dernières années ; celles de *San Jorge*, (Saint-Georges), qui fournissaient de riches minerais d'or natif, celles de *Gogorron*, où l'on avait trouvé en abondance du cuivre oxydé mélangé d'or et d'argent natifs, donnaient déjà les plus belles espérances. Que seront-elles devenues après notre départ ?

Il existe seize autres mines sur le cerro de San Pedro, et l'on en compte quatre de plus à la villa de San Francisco, tout près de cette fameuse montagne.

Mineral de Guadalcazar.

La formation de ce centre de population remonte à la période qui s'est écoulée de 1612 à 1620, pendant laquelle la Nouvelle-Espagne avait pour vice-roi D. Diego Fernandez de Cordoba, marquis de Guadalcazar, qui donna son nom à la nouvelle ville. La position, il faut le reconnaître, en avait été admirablement choisie, tout à côté de véritables *placeres* d'or, et au pied d'une montagne dans les flancs de laquelle on allait rencontrer, en abondance, de l'argent, du cuivre, du plomb, du mercure, du fer, du soufre.

Il paraît certain qu'en 1622 une trombe d'eau, qui s'abattit sur ce point, bouleversa, inonda, combla en grande partie les travaux commencés et que, pendant bien des années, les mineurs nécessiteux des environs ne firent autre chose qu'exploiter les *terreros* précédemment déposés près des orifices des puits de mines.

Peu de temps après, dix mines furent cependant établies sur cette hauteur, du côté du levant, et huit autres, au couchant. Ces dernières se composaient, pour la plupart, d'une roche tellement dure qu'on renonça bien vite à l'extraire.

Vers le nord, se forma, après 1638, un petit groupe de sept mines dont la principale, celle de *San Juan Estanislao* (Saint-Jean Stanislas), donna, en 1650, des résultats superbes; ses minerais, en effet, traités par la fusion, rendaient jusqu'à 10 marcs d'argent (2 kil. 30) par charge (161 kil,) de minerai; on en retirait, au patio, plus de 40 marcs (9 kil. 20) par monton (1 472 kil.), ce qui correspond à une richesse de quatorze millièmes, pour les premiers, et de plus de six millièmes pour les autres.

Au sud, enfin, dès 1627, on avait commencé à exploiter avec grand profit les mines de *San Rafael*, qui portèrent pendant les premiers temps le nom de *Santo Domingo*

(Saint-Dominique), et auprès desquelles vinrent se placer un peu plus tard huit autres exploitations. Ces dernières fournirent en grande quantité des sulfures d'argent dont le rendement fut régulièrement de 2 à 3 marcs par charge; mais la difficulté de se mettre à l'abri des eaux souterraines et le manque de capitaux firent bien vite abandonner tous ces travaux de mines.

La manière dont celles-ci [1] se trouvaient réparties tout autour de la montagne de Guadalcazar et la présence bien constatée, en chacune d'elles, de minerais exploitables, prouvent bien cependant quelle importance pourrait acquérir, dans l'avenir, cette intéressante localité.

En 1850, on se mit à y travailler des gisements de mercure qui donnèrent d'abord d'assez bons produits, mais qui ne purent naturellement pas soutenir, en 1853, la concurrence du mercure venant de la Californie [2].

Toutefois, il y avait encore, en 1866, dans une dizaine de ces mines de mercure, les travailleurs nécessaires pour en conserver légalement la propriété aux concessionnaires actuels; dans l'une d'elles, même, à San Antonio (Saint-Antoine), on recueillait, toutes les semaines, environ 20 charges de cinabre, dont le rendement ne s'écartait jamais beaucoup de 15 livres de mercure [3].

[1] Il en existe en totalité quarante et une sur le *cerro* de Guadalcazar.

[2] Les minerais de mercure les plus riches renfermaient 100 livres de métal par charge de 12 arrobes; mais ceux qu'on rencontrait le plus habituellement n'en produisaient pas plus de 15 livres et pas moins de 4, par charge. En ce temps-là le mercure valait 12 réaux la livre, tandis qu'après 1853 il descendit à 3 ou 4 réaux seulement.

[3] Le mode de traitement de ces minerais est des plus simples à San Antonio; on met dans dix à douze vases allongés, en terre cuite, des quantités convenables de minerai qu'on chauffe dans un four assez grossièrement construit; le mercure volatilisé vient se condenser dans d'autres vases qui ont été mis en communication avec les premiers.

Les mines de Guadalcazar attendent, comme tant d'autres, que l'heure du progrès et de la régénération ait sonné pour le Mexique.

Elles languissent et languiront jusque-là. De trois haciendas de beneficio au *patio,* qui y ont été construites, l'une ne marchait pas, en 1866, à cause de la sécheresse; l'autre, parce que son outillage était trop incomplet; la troisième ne pouvait occuper que douze à quinze ouvriers.

Sur six haciendas *de fundicion,* trois seules étaient en activité, employant soixante-quatre hommes à elles trois, et brûlant, en une semaine, 17 piastres 2 réaux de bois et de charbon (pas tout à fait 90 francs)!

Aussi le traitement des minerais d'argent ou de mercure n'est-il pas le seul auquel se livrent les gens du pays, qui trouvent à gagner moins misérablement leur vie en ramassant de l'or natif, en exploitant des gisements de cuivre et même de soufre, ou bien en séparant, par des lavages, le salpètre de certains dépôts terreux naturels dans lesquels il est très-abondant.

District de Pinos, *Mineral de Ramos.* — Les mines de Ramos, situées à l'ouest de San Luis de Potosi, dans la direction de Zacatécas et pas bien loin de cette dernière ville, furent mises en rapport dès 1608 et prospérèrent jusqu'en 1636 à 1640, époque à laquelle une terrible invasion d'Indiens du nord les fit déserter pour longtemps.

En 1796, on y découvrit une veine très-productive, sur laquelle vinrent successivement s'installer l'exploitation de la *Coimera* et neuf autres tout aussi importantes.

On y recueillait de l'argent rouge, de l'argent bleu, du rosicler clair, de l'argent natif, de la galène argentifère, des pyrites...

L'extrême abondance des eaux de sources et la configuration du sol, qui se prête si peu à la construction de galeries pouvant donner passage à celles-ci, placent toutes ces mines dans des conditions particulièrement désavantageuses, au point de vue commercial de leur exploitation.

Mineral de Ojo Caliente (surgeon d'eau chaude).

Dans cette partie du district de Pinos, se rapprochant d'Aguas Calientes (les Eaux-Chaudes), il y a un nombre considérable de mines tout à fait délaissées et dont les eaux ont pris, depuis longues années, une entière possession.

Santa Rita et *el Realito* sont les deux seules dans lesquelles on ait continué à travailler un peu.

On a signalé la présence du mercure sulfuré dans le *cerro de San Miguel* (montagne de Saint-Michel).

Toute la partie nord-ouest du département renferme, en outre, des lacs d'eau salée, d'une plus ou moins grande étendue, parmi lesquels il faut citer, en première ligne, celui de *Santa Maria del Peñon blanco* (Sainte-Marie de la roche blanche). Ce dernier jouit d'une certaine célébrité, parce que les Espagnols avaient jugé convenable de se réserver, comme biens de la couronne, les salines si prodigieusement productives établies sur ces bords, à l'époque où ils abandonnaient, au contraire, aux Mexicains la propriété des autres salines de leur immense colonie.

Ces salines du Peñon blanco sont toujours exploitées aujourd'hui ; seulement on ne soumet plus à l'évaporation l'eau salée du lac lui-même, mais celle qu'on retire de puits nombreux, creusés tout exprès dans les environs de celui-ci : le sel qu'on obtient ainsi est beaucoup plus pur et de bien meilleure qualité.

Département de Matehuala.

Nous avons déjà indiqué [1] la direction générale de la grande chaîne des Cordillères qui passe à Charcas et à Catorce.

Un peu avant cette dernière localité, il s'en détache une ramification très-intéressante qui se dirige vers Matehuala,

[1] Page 119.

et qui porte le nom de *cerros de los Frailes* (montagne des moines).

Ce prolongement, très-élevé au-dessus des plaines environnantes, est métallifère, comme la cordillère elle-même.

C'est sur ses flancs qu'est placée la mine de la Paz [1], à laquelle on s'accorde à promettre un bel avenir, et dans laquelle de beaux travaux, bien conduits, ont déjà été exécutés.

Sur le chemin même de Catorce, par la montagne, et sur le versant opposé du cerro, à *la Bocca* (la bouche, le débouché), on exploite des mines de cuivre dont les minerais sont des oxydes, des cuivres carbonatés bleus et verts, de la malachite, du sulfate de cuivre accompagné de pyrites, enfin du rosicler de cuivre (sulfure double d'antimoine et de cuivre).

Auprès de la ville elle-même, dans l'hacienda de beneficio de *El Pantanillo* (le petit bourbier), on traite les minerais de cuivre du Fraile et de San Antonio, pour en obtenir le sulfate de cuivre qui est ensuite employé comme magistral. Cette transformation partielle du sulfure de cuivre en sulfate s'obtient par le grillage du minerai dans des fours à reverbère ; et l'on en sépare ensuite le sulfate par des lessivages successifs.

Il y a bien encore d'autres mines qu'on dit importantes, à une distance un peu plus grande et à l'est de Matehuala ; mais on ne pouvait y aller librement [2], on pouvait bien

[1] Voir page 44.
Nous y avons ramassé de l'argent vert en magnifiques rognons et, à côté des veines d'argent, à la profondeur de plus de 400 vares (337 mètres), du cuivre arseniaté, des pyrites de cuivre, des ardoises pyriteuses bien caractérisées et très-belles.

[2] Nous donnerons une idée de la difficulté des communications au Mexique, même entre deux points très-rapprochés, quand nous aurons dit que, pour aller de Matehuala à Catorce

moins y séjourner, pendant que nous occupions cette ville, et il ne nous a même pas été possible de nous procurer quelques échantillons des minerais qu'on trouve à y recueillir, en temps de paix.

Trois ou quatre haciendas de beneficio bien installées à Matehuala même, où l'on traite les minerais soit au *caso*, soit au *patio*, ne marchent que par intermittence et que lorsque les minerais peuvent y être amenés en toute sécurité, des montagnes voisines.

Mineral de Catorce. — La position de Catorce est tout à fait remarquable au point de vue géographique. La ville est située, à 3158 vares (2646 mètres) au-dessus du niveau de la mer, au fond d'une sorte d'entonnoir que couronnent, de tous les côtés, des sommets d'une grande hauteur [1].

Le plateau presque circulaire sur lequel elle est bâtie, est très-élevé lui-même par rapport à la vallée inférieure où se trouve le village de *Los Catorce* (les quatorze) [2] qui n'est qu'à 2524 vares (2115 mètres) au-dessus du niveau de la mer.

et faire dix à douze lieues, il nous a fallu attendre, par ordre, le départ d'une petite colonne de cent hommes d'infanterie et de cinquante cavaliers, envoyée pour opérer le désarmement d'un village des environs de Catorce. Il y avait plusieurs semaines que le Préfet politique du département n'avait pas de renseignements précis sur ce qui se passait si près de sa résidence. Et Catorce n'était cependant pas, à cette époque, au pouvoir des bandes!

[1] Le *cerro de los Angeles* (montagne des anges) a 3727 vares (3123 mètres); la *Barriga de Plata* (ventre d'argent), 3372 vares (2826 mètres); le *cerro de la cantera* (montagne de la carrière de pierres), 3466 vares (2905 mètres); le *cerro quemado* (la montagne brûlée), 3382 vares (2834 mètres). Ces différents sommets dominent donc respectivement la ville de 477 mètres, 180 mètres, 259 mètres et 188 mètres.

[2] *Los Catorce* (les quatorze) paraît avoir été le premier centre de population fondé très-anciennement près de ces précieux gisements argentifères : c'est pour s'en rapprocher

Ce fut en 1772 qu'on exploita la première mine importante de Catorce, *la Descubridora* (celle qui fait une découverte), qui ne se trouvait cependant pas placée au-dessus des puissantes veines d'argent sur lesquelles on ne mit la main qu'en 1778.

Les mines principales de *San Agustin* (Saint-Augustin), de *Santa Ana* (Sainte-Anne), de *la Luz* (la lumière), de *la Purisima* (la très-sainte Vierge), de *Dolores* et de *Concepcion* et un grand nombre d'autres de second ordre ont donné, bon an mal an, de 1773 à 1810, de 3 à 4 millions de piastres par année, ce qui fait, pour ces trente-sept années, au moins 111 millions de piastres (577 millions de francs).

En 1810 commença, pour Catorce, une période de décadence et de souffrance amenée par l'invasion de l'eau dans les mines, par les troubles révolutionnaires qui agitèrent si longtemps le pays tout entier, période que la guerre avec les États-Unis ne contribua pas peu à prolonger encore.

Malgré toutes ces circonstances si défavorables, il résulte de relevés faits à l'hôtel des monnaies de Catorce que, jusqu'en 1850, on avait retiré des mines 150360552 piastres d'argent monnayé ou 781 874 870 francs, soit, en moyenne, un peu plus de 10 millions par an pour ces soixante-dix-sept années, ou la dixième partie environ de tout l'argent produit par le Mexique dans le même temps [1].

En 1865, malgré les menaces permanentes des bandes dissidentes qui ont plusieurs fois tenté contre Catorce de hardis coups de main, la production de l'argent, constatée

davantage que Catorce fut transplantée, pour ainsi dire, à peu près à mi-hauteur, à la fin du dix-huitième siècle.

Le nom de *los Catorce* se rapporterait, suivant la tradition, à un événement arrivé dans ce lieu même, où *quatorze* soldats auraient été massacrés par les Indiens indépendants du nord.

[1] Page 23.

à l'hôtel des monnaies, a pu atteindre 1321545 piastres ou 6872034 francs.

Les minerais qu'on y rencontre sont : l'argent natif ou l'argent libre, les chlorure et bromure d'argent, l'argent bleu, l'argent rouge, les rosiclers, le petlanque, les galènes et les pyrites de fer et de cuivre.

Nul doute que Catorce ne soit appelée à une immense prospérité dans l'avenir, quand il deviendra possible de tirer parti des incalculables richesses que son territoire renferme [1].

En attendant, une douzaine d'haciendas de beneficio qui, pour la plupart, pratiquent en grand le traitement au *caso* d'abord, et puis celui du *patio*, se partagent les bénéfices considérables que produit, malgré d'inévitables interruptions dans le travail, le traitement des minerais d'argent.

[1] Nous ne pouvons résister au plaisir de rendre hommage au zèle et à l'intelligence de certains hauts fonctionnaires du Gouvernement Mexicain, et de citer, comme exemple, un projet bien séduisant pour Catorce, qui nous a été longuement communiqué sur les lieux mêmes, par le Préfet du département de Matehuala.

D'après ce que nous avons dit de la position de Catorce, on comprend combien il est pénible d'y arriver, puisqu'il faut s'élever d'abord de la plaine jusqu'aux crêtes des hauteurs qu'on a à franchir pour redescendre ensuite dans la ville, le long de pentes très-raides, quoique très-habilement tracées.

Le projet dont nous parlons consiste à déblayer, dans la montagne, en un point convenablement choisi, un vaste tunnel partant de la ville et allant déboucher dans la vallée de Matehuala. D'après la direction qui lui serait donnée, cette galerie couperait les plus belles veines argentifères dont la position est d'autant mieux connue qu'elles se montrent souvent à la surface du sol. En employant, à ce travail, les condamnés, on pourrait le terminer en peu de temps avec une assez faible dépense ; il devrait être, pour l'État, d'un immense produit d'ailleurs, en même temps que d'une utilité de premier ordre pour Catorce.

Des raisons politiques, dit-on, et probablement aussi le peu de sécurité de la position de Catorce, ont fait supprimer, dans ces derniers temps, l'hôtel des monnaies de cette ville, qui a dû être transporté, si les événements et les hommes nouveaux ne s'y sont pas opposés, à San Luis de Potosi.

Départements de Tamaulipas et de Matamoros.

Il ne paraît pas que les habitants du Tamaulipas se soient jamais adonnés avec beaucoup de zèle au travail de l'exploitation des mines; ils sont commerçants bien plus volontiers que mineurs; cependant les richesses métallurgiques de ces départements ne sont pas tout à fait insignifiantes, car, dans les cinq années de 1844 à 1848, on y a obtenu, malgré l'imperfection des procédés employés, 7680 marcs d'argent, ou 1766 kil. 40, valant 353280 francs.

Les points où l'on recueille du minerai sont peu nombreux, et les seuls qui méritent une courte mention sont les suivants :

Saint-Nicolas est le centre de vingt-cinq mines abandonnées et de quatre seulement en activité. Dans ces dernières, il y a des puits qui atteignent 100 vares (83 m. 80 c.) de profondeur; on en retire principalement des galènes argentifères qui rendent, par année, 200 marcs (46 kil.) d'argent et 800 arrobes (9200 kil.) de plomb [1].

En 1854, une Société s'est organisée pour donner plus d'extension à ces entreprises; il est bien à craindre qu'elle n'y échoue.

La Miquihuana possédait une mine de cuivre et trois mines d'argent tout à fait délaissées aujourd'hui.

[1] Le plomb vaut 6 réaux (3 fr. 90 c.) l'arrobe (11^{k},50). De sorte que le produit de ces mines n'est que de 9200 francs d'argent et de 3120 francs de plomb, année moyenne.

El Zigüe a donné lieu à des travaux assez considérables, si l'on en juge par ceux dont il y reste des traces.

Les veines de galène argentifère n'y atteignent pas la largeur de 1 mètre. Auprès de celles-ci, on rencontre du bel albâtre, et beaucoup d'ocre rouge et d'ocre jaune.

A *Bustamante,* il existait huit mines d'argent, trois de plomb et une de cuivre, qui payaient, paraît-il, comme *quinto,* une somme assez ronde; mais, tous les ouvriers de ces mines les quittèrent bien vite pour aller chercher fortune à Catorce, dès qu'ils apprirent à quel degré de prospérité s'élevaient, dans cette ville, les exploitations minières.

A *Villagran,* on recueillait bien anciennement de l'or et de l'argent en petites quantités.

Près de *Ciudad Victoria,* on a en outre signalé l'existence de minerais de fer, sur la richesse desquels on est peu exactement renseigné. Aux environs de *Guerrero,* de *Cruillas,* on trouve de l'albâtre et des argiles ocreuses, jaune et rouge. Les pierres à bâtir y sont très-abondantes, de même qu'à *Santa Barbara,* à *San Fernando,* à *Aldama* enfin, où l'on exploite aussi des gisements d'ardoises et d'asphalte.

Sur plusieurs points du département, à Guerrero, à Camargo, sur les bords du Rio Bravo surtout, on a découvert, à différentes époques, des mines de charbon de pierre encore peu connues, mais qu'il serait du plus haut intérêt de mettre en exploitation le plus tôt possible, soit pour les travaux métallurgiques, soit plus encore afin de rendre plus active la navigation à vapeur sur ce Rio del Norte.

Les salines de Tamaulipas sont, pour cette partie du Mexique, une belle source de revenus.

On retire le sel, près de *Matamoros,* de *San Fernando,* de *Soto la Marina,* de grands étangs naturels d'eau salée qui donnent, par année, dix mille charges au moins (1610000 kilog.) : au prix de 12 réaux (7 fr. 80 c.) la charge, cette récolte représente une valeur de 78000 francs.

A *Villerias* on obtient, tous les ans, une quantité de sel à peu près égale à celle-là, dans des salines artificielles, mais ce sel est considéré comme d'une qualité un peu inférieure, et ne vaut guère que 10 réaux (6 fr. 50 c.) la charge.

Département de Nuevo-Leon.

Presque toutes les mines de ce département chôment depuis longtemps après avoir donné lieu à quelques travaux assez intéressants et assez fructueux.

Une machine d'épuisement venait d'être installée, par exemple, dans la mine de *Jesus-Maria*, quand les fonds ont été reconnus insuffisants pour en continuer l'exploitation.

Aujourd'hui on ne travaille guère que dans deux mines, celles de *Montañas* et de *San Jose de Rio blanco* (Saint-Joseph de la Rivière-Blanche), auprès de *Villa Aldama*. On y trouve en abondance des minerais de plomb qui ne sont que faiblement argentifères.

Départements de Coahuila et de Mapimi.

Cette partie du Mexique est l'une des moins peuplées. Elle s'est trouvée exposée de tout temps aux invasions des Indiens barbares, et l'on n'y a jamais beaucoup fait pour la métallurgie.

Autrefois cependant on y comptait soixante mines en travail, et aujourd'hui il y existe trois compagnies distinctes, deux à *Ramirez* et l'autre à *Ticomulco*.

Mapimi a dû avoir aussi quelques beaux jours, si nous en jugeons par les échantillons de minerais qu'un bon camarade a bien voulu nous en rapporter.

Indépendamment du chlorure d'argent et des plombs argentifères, on trouve, dans ces régions, des minerais de cuivre et de fer.

L'amianthe est exploité en quantités très-notables près de *Viezca* et de *Monclova.*

Dans le district de *San Buenaventura,* on recueille le salpêtre; dans celui de *Santa Rosa*, les montagnes de *Gigedo* fournissent du soufre natif et de la couperose (sulfate de fer).

On ne doit pas être surpris, du reste, puisque les bras font aussi complétement défaut dans ces départements, même pour les travaux agricoles, qu'on n'y ait pu réunir ni le personnel, ni les ressources suffisantes pour y entreprendre, avec quelques chances de succès, l'exploitation des mines.

Département de Sinaloa.

Nous n'avons presque rien à dire de ce département, dont la richesse en métaux précieux est cependant attestée par la contrebande immense qu'il est bien établi qu'on y en a fait, depuis les temps les plus reculés.

Les mines de *Copalá*, celles de *San Miguel de la Juntas,* de *Guadalupe*, de *Panuco*, de *Santa Cruz*, ont la réputation d'avoir été excessivement productives; mais nous ignorons tout à fait si celles-là et toutes les autres, dont il serait trop long de citer les noms, doivent être considérées comme épuisées.

Il est peu probable qu'il en soit ainsi; et plus vraisemblablement au contraire, on trouvera plus tard, en Sinaloa, plus que partout ailleurs, peut-être, un bien grand avantage à recommencer, sur de nouveaux frais, les travaux métallurgiques.

Département de Durango.

Des renseignements un peu détaillés nous font aussi complétement défaut pour ce département, bien digne d'intérêt toutefois, et dans lequel nous savons positivement qu'il existe des sables aurifères, formant de véritables *placeres*, dont on pourrait retirer bien aisément sans doute de véritables trésors.

Quant aux mines d'argent, elles sont groupées autour de vingt et un centres industriels (*minerales*), parmi lesquels figure *San Dimas Guarisamey*, célèbre par ses cristaux d'argent rouge.

D'après les relevés faits à l'hôtel des monnaies, les mines de Durango ont produit, de 1840 à 1844, 3721085 marcs (855849 kil.) d'argent, et de 1845 à 1849, 4160684 marcs (956957 kil.), quantités qui représentent 171169910 francs et 191391464 francs.

Encore, faudrait-il ajouter ici qu'une portion notable de l'argent obtenu n'a point été porté aux hôtels des monnaies, et s'est habituellement écoulé en fraude par les différents ports du Pacifique. Cette réserve faite, même pour des époques plus rapprochées de nous, voici quels ont été les résultats constatés du travail de l'hôtel des monnaies de Durango, depuis 1857.

ANNÉES.	MONNAIES FRAPPÉES.		VALEUR TOTALE	
	ARGENT.	OR.	EN PIASTRES.	EN FRANCS.
	P.	P.	P.	F.
1857	588771	56000	644771	3352809
1858	612460,94	40016	652476,94	3392880
1859	560125,56	38410	598535,56	3112385
1860	384010	15696	399706	2078471
1861	464026	36823	500849	2604415
1862	595678,75	49297	644975,75	3538874
1863	832560	32464	865024	4498125
1864	789561	21587	811148	4217970
1865	625431	17680	643111	3344177
	P.	P.	P.	F.
	5452624,25	307973	5760597,25	29955006

Cerro de Mercado. — On nomme ainsi une hauteur située aux environs de Durango et qui se compose, comme nous allons le dire, d'un amas énorme de minerais de fer.

On a tant parlé du Mercado [1] que nous pensons qu'on nous pardonnera de nous arrêter un peu sur ce sujet.

Bientôt après que Fernand Cortez se fut installé en conquérant à Mexico, il songea à étendre ses possessions dans le Nouveau Monde, et chargea ses lieutenants d'aller occuper successivement, au nom du Roi de toutes les Espagnes, le Michoacan, Colima, le Jalisco, etc. Une expédition formée à Acapulco, fut destinée à la Basse-Californie, à la Sonora, au Sinaloa ; pénétrant, par ce côté, dans le *Nuevo-Mexico* (Nouveau-Mexique), les Espagnols, conduits par José de Angulo et par Cristobal de Oñate, s'installèrent ensuite dans la gorge fertile où a été bâtie depuis la ville de Zacatécas.

Ils n'avaient pas porté leur apostolat civilisateur jusqu'à Durango même ; mais ils étaient revenus à Guadalajara vivement impressionnés des merveilles qu'ils entendaient raconter d'une montagne toute d'or et d'argent massifs qu'on leur disait exister auprès de cette ville.

L'excessive abondance de ces métaux précieux dans les provinces qu'ils venaient de traverser en dernier lieu, explique jusqu'à un certain point et excuse leur crédulité.

Le gouverneur de la nouvelle Galice (Jalisco) crut sérieusement ou fit semblant de croire tout ce qu'on lui en rapporta ; et, en 1552, il profita habilement de l'occasion pour envoyer une petite division à la conquête de cette

[1] Tous les auteurs mexicains se complaisent à signaler l'erreur dans laquelle est tombé M. de Humboldt qui, n'ayant pu se rendre à Durango, et ne connaissant le Mercado que par quelques minerais qui lui en furent apportés, écrivit que c'était un immense aérolithe.

On en est venu maintenant à mettre sérieusement en doute que les minerais présentés à l'illustre voyageur appartinssent réellement au Mercado.

vallée de la *Guadiana* (Durango), en lui donnant pour chef Ginez Vasquez del Mercado.

Mercado passait pour un homme avide et était très-occupé, en ce moment, à faire exploiter des mines d'argent à Miravalles.

Son zèle fut enflammé par les renseignements que lui fournirent des Indiens de Valparaiso, qui s'offrirent même à lui servir de guides jusqu'à cette vallée bienheureuse qu'ils disaient formée par des montagnes d'argent pur [1].

Mercado se mit donc en marche en toute hâte; mais une nuit, comme on arrivait enfin à la Guadiana, les Indiens l'abandonnèrent, sur la menace qui leur avait été faite d'un châtiment sévère au cas où cette nouvelle terre ne réaliserait pas toutes les espérances qu'ils entretenaient dans les esprits depuis le départ.

Grande fut la déconvenue des Espagnols quand ils reconnurent le lendemain que ces montagnes tant vantées étaient formées non pas d'argent, mais, d'un autre métal qu'ils connaissaient bien, de fer.

Le découragement qui s'empara de la petite armée, et dont Mercado tout le premier n'avait pas su se défendre, eut les plus déplorables conséquences; la troupe se fractionna pour reprendre le chemin du Jalisco; et, pendant une halte de nuit, le plus faible détachement, surpris par une bande d'Indiens sauvages, eut beaucoup à souffrir dans un engagement où Mercado fut dangereusement blessé [2].

Il avait laissé son nom à la montagne de Durango, dont la célébrité remonte bien loin, comme on vient de le voir.

En 1558, Martin Perez, *alcalde* (maire) de Zacatécas, après avoir découvert les gisements argentifères de Fresnillo et de Sombrerete, s'avança jusqu'à *nombre de Dios*

[1] Les Indiens, dans leur ignorance, pouvaient être de bonne foi quand ils prenaient pour de l'argent un autre métal qui leur était si peu connu alors.

[2] Il succomba peu de jours après à Juchipila.

(le nom de Dieu), à quinze lieues seulement de Durango; et la même année enfin, Francisco de Ibarra (François de Ibarra), à la tête d'une troupe plus nombreuse, occupa définitivement Durango et poussa même jusqu'à Chihuahua.

Nous venons de montrer comment ce fut le *cerro Mercado*, qui appela du côté de Durango ces fiers Espagnols qu'on a accusés d'avoir fait payer bien chèrement au Mexique le peu de civilisation qu'ils lui ont apporté; voyons maintenant ce que cette même montagne semble promettre, pour un avenir prochain, à ce département tout entier, de prospérité et de richesses.

Le Mercado est tellement rapproché de Durango qu'il est ordinairement considéré comme en faisant partie. C'est une éminence de forme singulière, qui s'élève au milieu de vastes plaines, et qui est entièrement isolée de tous les côtés. Elle est d'un noir de jais, et ne présente nulle part de traces de végétation; aussi son aspect contraste-t-il de la façon la plus saisissante, avec celui des blanches maisons de la ville, des superbes promenades et des riants jardins qui embellissent celle-ci.

Sa base est un rectangle de 1 900 vares environ (1 592 mètres) sur 900 vares (754 mètres); sa hauteur est de 225 à 230 mètres.

On peut conclure de ces dimensions, et de résultats d'essais qui ont montré que ses minerais renfermaient de 70 à 75 pour cent de fer pur [1], que le Mercado ne contient pas moins de 230 millions de tonnes [2] de ce métal.

En comparant cette quantité de fer à celle que produit

[1] Une des bases de ce calcul bien élémentaire est aussi la densité du minerai, égale à 4,658; quant au rendement en fer doux, à cause des pertes inévitables dans le traitement des minerais de fer, on a admis qu'il n'était que de 50 pour cent.

[2] La tonne vaut 22 quintaux espagnols ou mexicains de 46 kilog. Il est bon de remarquer que, quelque élevés qu'ils

chaque année l'Angleterre entière [1], on trouve que le Mercado pourrait fournir pendant trois cent trente années de quoi alimenter de fer d'excellente qualité le commerce de toute la Grande-Bretagne, et que ces masses énormes de métal auraient en totalité une valeur [2] de 9900 millions de piastres, ou de 41 milliards 480 millions de francs.

Nous n'ignorons pas que, dans ces derniers temps, les inépuisables richesses du Mercado ont été contestées par des ingénieurs d'un grand savoir et d'une haute capacité. Mais nous n'avons pas le talent nécessaire et nous ne possédons pas d'ailleurs de documents assez positifs, sur ce sujet, pour traiter *ex professo* cette question, dans ce simple aperçu.

Nous tromperions-nous, avec beaucoup d'autres, il ne nous en semble pas moins évident que les ressources que le Mercado, mis en plein rapport, présenterait à la métallurgie, fussent-elles deux fois, trois fois,... dix fois moindres que nous ne venons de l'indiquer, mériteraient encore d'être prises en très-sérieuse considération.

Ajoutons enfin que l'exploitation de ce *cerro* est des plus faciles, puisqu'on n'a point à creuser pour en extraire le minerai; on transporte aujourd'hui celui-ci à l'usine, dans des voitures qui n'ont qu'à descendre sans effort le long de pentes très-douces pour venir verser leur chargement dans des bateaux établis sur la rivière. Tout cela pourrait d'ailleurs être bien amélioré et simplifié, au moyen d'un petit chemin de fer.

Quant à la nature du minerai, tout l'intérieur du

puissent paraître, les chiffres que nous présentons sont probablement des *minimums*, puisque, dans ces calculs, nous admettons implicitement que le minerai ne se prolonge pas au-dessous de la surface de la plaine au milieu de laquelle s'élève le Mercado.

[1] Soixante-dix mille tonnes, en moyenne.

[2] A 2 piastres (10 fr. 40 c.) le quintal (50 kilog.).

cerro parait formé de fer oxydulé, ou mine magnétique de fer.

A l'est du Mercado, règne une couche peu épaisse de fer oxydé hydraté, bien plus pauvre en métal; au nord, la présence d'un peu de phosphore dans une roche composée en grande partie d'argiles ferrugineuses, communique au fer, comme on le sait, des propriétés nuisibles qui font rebuter ces minerais.

La ville de Durango, d'un autre côté, est admirablement placée, au centre, pour ainsi dire, des riches exploitations minières de Chihuahua, de Sinaloa, de Zacatécas, de Guanajuato; il ne serait peut-être pas difficile de la mettre en communication directe avec Mazatlan au moyen d'un chemin carrossable par lequel ses fers iraient s'embarquer, pour l'exportation, dans ce port du Pacifique; la *sierra Madre* (chaîne-mère) qui touche presque au Mercado, fournirait le combustible en abondance, sans parler de la possibilité d'exploiter des mines de charbon de pierre récemment découvertes dans les environs.

Nulle part peut-être, au Mexique, les conditions n'ont été plus favorables en apparence pour la création d'une grande industrie métallurgique; au Mercado, d'ailleurs, toutes les chances aléatoires, si nous pouvons nous exprimer ainsi, semblent être tout à fait écartées, puisqu'on y a affaire à des masses inépuisables de minerai qu'on touche du doigt et qu'on n'a pas à suivre sous terre dans leurs capricieux changements de direction.

Faut-il donc rechercher une dernière fois pourquoi une entreprise si admirablement favorisée par les circonstances locales n'a pas eu le succès sur lequel on était en droit de compter, et présenter à l'appui un historique succinct des forges de Mercado?

C'est encore à une Compagnie Anglaise que revient l'honneur d'avoir cherché à mettre le Mercado en exploitation. Elle fut merveilleusement secondée pour cela par le gouvernement de l'État de Durango, en 1828, D. Santiago Baca

Ortiz, homme d'une haute intelligence et d'un ardent patriotisme [1], qui mit tous ses soins à aplanir les difficultés à mesure qu'elles se présentaient.

En s'installant à Durango, avec tout un monde d'employés supérieurs à gros appointements [2], la Compagnie commença par élever de belles constructions, par dessiner de gracieux jardins, par tracer et ouvrir des chemins carrossables.

L'outillage fut préparé de même avec un grand luxe.

Quant au traitement du minerai, les hésitations, les tâtonnements se multiplièrent à l'infini, sans donner de résultats satisfaisants.

Un premier haut-fourneau en pierres de taille, revêtu à l'intérieur en briques réfractaires, et qui avait coûté plus de 35000 francs, fut profondément dégradé et mis hors de service dès la première coulée ; c'était payer bien chèrement une leçon pratique sur la qualité de la terre réfractaire employée.

Ces essais et d'autres encore, dont le détail serait peu intéressant et qui avaient absorbé 250000 piastres (1300000 francs), découragèrent bien vite la Compagnie ; elle abandonna l'entreprise et fit une liquidation des plus déplorables.

Une Compagnie Mexicaine hérita presque pour rien de la Compagnie Anglaise ; elle renonça de suite à traiter les minerais de fer dans les hauts-fourneaux et se résigna d'abord à en revenir aux procédés bien imparfaits anciennement employés dans le pays [3]. Au bout de très-peu de

[1] Il fut victime des mouvements révolutionnaires qui marquèrent, au Mexique, la fin de l'année 1830.

[2] On a fait ce curieux rapprochement, qu'il y a eu jusqu'à dix employés pour un ouvrier travaillant réellement dans les forges. Parmi les premiers on comptait des peintres, des mathématiciens, des officiers de marine...

[3] Ils ne méritent guère d'être longuement décrits.

Le minerai était chauffé dans des espèces de fours à reverbère, avec du charbon, et l'on se servait de soufflets à main pour activer la combustion.

temps, les administrateurs introduisirent dans leurs usines la méthode catalane et firent venir de l'Ariége un certain nombre d'ouvriers habiles qui, les premiers, importèrent au Mexique des notions exactes sur la métallurgie et le travail du fer.

On obtint, au bout de peu de temps, de 50 à 80 quintaux par semaine, d'un fer d'excellente qualité. L'usine prit un peu de développement et employa bientôt de cent trente à cent cinquante ouvriers.

Si elle n'a pas prospéré plus rapidement, cela a tenu d'abord à la difficulté qu'elle a rencontrée jusqu'à présent, à écouler ses produits, par suite de l'état critique dans lequel se trouve, depuis tant d'années, la métallurgie de l'argent lui-même ; de plus, par une nouvelle application de ce déplorable système économique suivi, au Mexique, par les anciens Présidents qui ne songeaient qu'à battre monnaie, et qui frappaient de droits énormes tous les objets de production mexicaine, il s'est trouvé, pendant un certain temps, que le fer de Durango payait tout juste le double des droits d'entrée des fers étrangers, et était sérieusement menacé de ne pouvoir en soutenir la concurrence. On porta remède, un peu plus tard, à ce fâcheux état de choses, et l'on peut dire qu'aujourd'hui les forges de Durango pourraient largement suffire, en se développant progressivement encore, à tous les besoins du pays ; il n'y a plus qu'à former le vœu que ces besoins augmentent bientôt considérablement, car ce sera là le symptôme le plus certain de la régénération et de la prospérité croissante du Mexique.

Département de la Sonora.

S'il faut ajouter foi à ce qu'on raconte ou à ce qu'on a écrit à propos des merveilleuses richesses de la Sonora, cette province serait de beaucoup la plus intéressante du Mexique, au point de vue métallurgique et minéralogique.

On y trouve, en effet, de vastes *placeres* d'or, de l'argent, du mercure, du fer et du cuivre natifs, en grandes masses, du plomb, des marbres magnifiques, de l'albâtre, des jaspes très-variés, de l'amianthe, des aimants naturels, des couperoses, du chlorure de sodium, du carbonate de soude, du salpêtre, etc.

On y compte trente-quatre groupes différents de mines, dont chacun constitue ce qu'on nomme un *mineral;* seize d'entre ces *minerales* sont plus ou moins activement travaillés [1]; les dix-huit autres chôment totalement, soit à cause du manque d'eau, soit par suite de l'absence d'ouvriers, presque tous d'ailleurs par l'effet des dissensions intérieures et de la frayeur qu'inspirent les Indiens indépendants.

Il faut bien remarquer, au reste, que ces dernières mines n'ont pour ainsi dire pas été mises en exploitation; elles ont en effet été abandonnées, ou bien à la première menace du moindre danger, ou dès qu'on a cessé d'y trouver le minerai à fleur de terre, de sorte qu'elles tiennent certainement encore en réserve pour l'avenir de grandes quantités de métaux précieux.

On a signalé, en Sonora, jusqu'à vingt *placeres* d'or, où ce métal existe en pépites [2], en grains ou en poudre; il y en a un autre dans lequel on a recueilli beaucoup d'argent natif en grains et en feuilles minces.

Aucun de ces gisements d'alluvions aurifères ou argentifères ne paraît être exploité d'une manière suivie; les pauvres gens des environs de quelques-uns d'entre eux viennent y ramasser paresseusement de quoi vivre.

[1] En voici les noms : Hermosillo, San Javier, Subiate, Vayoreca, Alamos, Babicanora, Batuco, la Alameda, Rio chico, el Aguaje, Aigame, el Zanque, Saguaripa, la Trinidad, San Antonio, el Zoni.

[2] On cite deux de ces placeres, ceux de la *Pimeria alta* et *del Yaqui*, dans lesquels on a rencontré des pépites pesant depuis une livre jusqu'à six livres.

Plus encore que dans les autres parties du Mexique, les haciendas de beneficio paraissent n'avoir eu, en Sonora, qu'une existence bien éphémère; il y en a un nombre immense qui tombent en ruine, et les dernières recherches statistiques connues n'en indiquent que onze en activité [1].

On y pratique le traitement au *patio*, et plus habituellement celui par la fusion, qui dispense d'acheter du mercure, considération importante pour des mineurs qui ne disposent généralement pas de capitaux bien considérables et auxquels il importe assez peu d'ailleurs de ne pas recueillir rigoureusement tout l'argent que pourraient donner les minerais très-riches et très-abondants qu'ils exploitent sans prendre beaucoup de peine.

Nulle part ils n'ont songé à établir de machines pour l'épuisement des eaux, pour l'extraction ou le traitement des minerais!

On n'a pas de renseignements précis sur ce qu'ont produit anciennement, ni sur ce que rendent aujourd'hui les mines et les placeres de cette province. La contrebande de l'or et de l'argent s'y fait sur une grande échelle par la mer de Cortez. A une époque où les ports du Pacifique se trouvaient bloqués par les États-Unis, l'hôtel des monnaies de Mexico reçut, de la Sonora, 4 500 lingots [2] d'argent, représentant le produit d'une année : d'après cela ce serait à 140 760 kilos d'argent, valant 28 152 000 francs que se montait, très-approximativement, en ce temps-là, le rendement annuel de l'argent.

On sait aussi que, bien antérieurement, les pépites d'or pur recueillies à *Quitovac* à *Cineguilla*, et les morceaux volumineux d'argent natif trouvés à *Arizona* [3] frappèrent

[1] Trois à *Alamos*, cinq à *Aduana*, une à *Promontorio*, une à *Tatagiosa*, une à *Mina nueva*.

[2] Les lingots, tels qu'ils sont livrés aux hôtels des monnaies, ont un poids réglementaire de 136 marcs ou $31^{k},28$.

[3] L'argent natif fut découvert à Arizona, sous forme de

à ce point l'imagination du Vice-roi de Mexico, qu'il fit rendre, par le Roi d'Espagne, un décret célèbre, par lequel tout le territoire de cette dernière localité était déclaré propriété exclusive de la couronne.

A différentes époques on a essayé, en Sonora, d'un procédé tout particulier pour exploiter les mines et les placeres.

On formait, dans l'une des villes principales, une caravane qui parcourait le pays, se livrait à toutes les recherches de rigueur, faisait sa récolte de métaux natifs ou de minerais, suivant le cas, et se trouvait très-heureuse quand, au retour, elle n'avait pas à défendre son petit trésor, les armes à la main.

C'est vers *Arizona* et la *Papagueria* que se dirigeaient, le plus souvent, ces colonnes de volontaires.

Quant aux mines d'argent, les plus fameuses sont celles de la *Aurora*, de *Saguaripa*, et enfin celles de *Alamos*, lesquelles, au nombre de quatre-vingt-quatre, furent, dit-on, les plus productives de tout le Mexique, du temps des Vice-rois Espagnols.

Le fer natif, en masses d'un grand volume, existe dans la sierra Madre, entre *Tuxon* et *Tubac*, au *Puerto de los Muchachos*; dans la sierra de la *Apacheria*, à *el Mogollon*; tout près de *Colorado*, dans la sierra de la *Papaqueria* : partout de beaux minerais de fer l'accompagnent.

Les dernières montagnes dont nous venons de parler contiennent aussi, au nord de Colorado, des gisements de mercure. En 1802, on en a rencontré d'autres d'un grand intérêt au *Rio Chico*, sur le *cerro* de *Santa Teresa*.

morceaux de la grosseur d'une balle d'infanterie, en très-grand nombre; plusieurs pépites atteignaient des poids de 5, 10 et 20 kilogrammes. Un pauvre ouvrier eut la bonne fortune de mettre la main sur un bloc d'argent de 21 arrobes (241^{k},50). A un mètre dans la terre, on trouva une masse du même métal, de 140 arrobes (1610 kilog.). Les relations du temps portent à plus de 200 arrobes (2300 kilog.) la quantité d'argent métallique réunie ainsi en quelques jours.

Du cuivre aurifère et du cuivre pur ont été obtenus, le premier, à la *Cananea*, et l'autre à *Antunes*, à *Tonuco*, et dans la sierra de *Guadalupe*.

Les galènes sont très-abondantes à *Aguacaliente*, à *Alamo muerto*, à *Papaquería*, à *Arizpe*, à la *Cieneguilla*; on en a retiré, en temps de révolution, d'immenses quantités de munitions de guerre.

Le sulfate de fer (la couperose verte) est recueilli à *San Javier* [1], à *San Antonio de la huerta*, à *Cieneguilla*, à *Aguacaliente*.

C'est à *Cucurpe* qu'on extrait l'amianthe, et à *Oposura*, à *Hermosillo*, à *Ures*, à la *Campana*, qu'on exploite les carrières de marbres [2] et de jaspe.

Des carrières de pierres à bâtir, du silex pyromaque, des aimants naturels existent à *Alamos*, à *Hermosillo* et dans la *cañada* (gorge) *de Barbitas*, à dix lieues de cette ville.

Sur les bords du *Rio colorado* (rivière rouge) et des autres rivières qui versent leurs eaux dans le golfe de Cortez, on trouve en abondance du sel, du salpêtre et du carbonate de soude, surtout lorsqu'on se rapproche de leurs embouchures.

[1] Le sulfate de fer de San Javier est mêlé d'une gangue particulière qui fait qu'en dissolvant le tout dans l'eau on obtient une encre de bonne qualité. Il y a plus : si l'on fait évaporer cette dissolution et qu'on forme des pains ou des bâtons avec les résidus, on a une substance dont on peut se servir tout à fait comme d'encre de Chine.

[2] C'est de la Sonora qu'a été retiré, du temps des Aztèques, le beau bloc de marbre rouge avec lequel ils firent la statue de leur Dieu de Chapultepec, statue qu'on voit au musée de Mexico.

Département de Chihuahua.

Le Chihuahua est tellement exposé, par sa position, aux attaques des Indiens sauvages, que peu d'entreprises métallurgiques ont pu s'y installer d'une manière stable.

On y a compté cependant quatorze *minerales* différents, parmi lesquels *Santa Barbara* et *Guadalupe y Calvo*[1] ont eu la réputation la plus brillante, le second ayant même été exploité pendant quelque temps par une Compagnie Anglaise.

En 1849, toutes ces mines donnèrent 146 868 marcs (47 000 kil.) d'argent monnayé, représentant 9 400 000 fr.

Les méthodes de traitement le plus en usage étaient celles au *patio* et par fusion ; celle-ci était surtout appliquée.

Des essais en grand avaient aussi été tentés, dans le Chihuahua, pour y introduire un procédé qui consiste à précipiter l'argent de ses dissolutions au moyen du cuivre, procédé sur lequel nous n'avons pas pensé qu'il y eut lieu d'appeler l'attention, puisqu'il n'est employé à peu près nulle part.

En 1850, quatre Compagnies subsistaient encore et dirigeaient l'exploitation des mines de *Preseña*, de *Rosario*, de *Tajo*, de *Prieta*.

Les ressources que celles-ci procurent sont loin d'être insignifiantes, comme on peut en juger par l'examen des quantités de monnaies d'or et d'argent frappées récemment à Chihuahua même.

[1] Les mines de Guadalupe y Calvo ont fourni, à elles seules : en 1848, 720 765 piastres (3 747 978 francs) ; en 1849, 358 859 piastres (1 866 067 francs).

ANNÉES.	MONNAIES FRAPPÉES.		VALEUR TOTALE	
	ARGENT.	OR.	EN PIASTRES.	EN FRANCS.
	P.	P.	P.	F.
1857	568790	20194	588984	3062717
1858	570143	47305	617448	3210730
1859	601233	45927	647160	3455232
1860	424932	45828	470760	2447952
1861	701752	60328	762080	3962816
1862	624770	50388	675158	3510822
1863	647865	25823	673688	3503178
1864	511739	17997	529736	2754627
1865	381779	15313	397092	2064878
	P. 5033003	P. 329103	P. 5362106	F. 27882951

Indépendamment des métaux précieux, le Chihuahua fournit en grande quantité des minerais de cuivre qui servent presque partout de magistral, et des minerais de plomb qu'on exploite à *Naica* et à *Babisas* du canton de *Matamoros*.

Le canton d'Iturbide est riche en soufre et en salpêtre.

Département de la Basse-Californie.

La Basse-Californie paraît être, comme la Sonora, le prolongement de la Californie, dont elle est limitrophe.

Toutes les mines y sont en souffrance ou entièrement abandonnées.

Une chaîne de montagnes qui règne dans ce pays sur une étendue de plus de quarante lieues, renferme cependant un système très-complet de veines argentifères, sensiblement parallèles entre elles, qui seraient susceptibles de donner les plus remarquables résultats. Ce soulèvement met en évidence, comme à l'ordinaire, des roches d'amphibole et des ardoises. Les minerais paraissent avoir subi un commencement de décomposition jusqu'à la profondeur de 10 à 15 vares (8 à 13 mètres environ), au delà de laquelle on rencontre les *negros*.

Ceux-ci ont accusé moyennement, à l'analyse, une richesse de 20 marcs (4^k,60) par *monton* de 30 quintaux (1380 kilog.) ou de près de trois millièmes, tandis que les *colorados*, qui leur sont superposés, ne donnent que de 5 à 7 marcs (1^k,15 à 1^k,61) ou, en moyenne, un peu plus de un millième.

Il résulte d'un intéressant travail de M. Antonio del Castillo sur cette province, que dans les seuls districts de *San Antonio* et de *el Triumfo*, on retrouve quarante mines, dans quelques-unes desquelles les minerais sont extraordinairement riches[1].

Dans les districts de *las Virgenes* et de *Cacachilas*, on a pu étudier complétement trois veines argentifères principales, celles de *el Chibato* et de *Bebelama*, dont les gangues sont du spath calcaire et du spath pesant, et celle de *Jesus-Maria*, qui est accompagnée de quartz.

Dans ces veines diverses apparaissent à la surface les chlorure et bromure d'argent et l'argent libre ou vierge; en s'enfonçant dans le sol, on arrive aux sulfures d'argent, aux galènes argentifères, au cuivre gris (antimonio-sulfure de cuivre), aux carbonates de cuivre.

Le long des *arroyos* (ruisseaux) *del Chibato* et de *la Canoa* on rencontre de l'or natif mélangé de pyrites aurifères en décomposition.

On peut reconnaître bien nettement encore les emplacements qu'occupaient dix-huit mines, très-florissantes il y a un certain nombre d'années, et dont les minerais ont dû

[1] La Molineña, par exemple, a donné aux essais 64 marcs (14^k,72) par monton, plus de un centième du poids du minerai!

contenir une bien belle proportion d'argent, si l'on en veut juger du moins par les minerais rebutés à cette époque, et qui forment de grands *terreros* dans lesquels l'analyse chimique a constaté l'existence de six dix-millièmes d'argent, à très-peu près.

Nous ne suivrons pas, du reste, le savant ingénieur mexicain dans l'exposé des raisons qui le portent à croire qu'on aura tout avantage à reprendre, le plus tôt possible, le travail des mines, dans la Basse-Californie, où l'on doit s'attendre, d'après lui, à faire la découverte de gisements argentifères bien autrement puissants que tous ceux qui y ont été exploités jusqu'aujourd'hui.

Quant aux *placeres* de cette province, ce serait, d'après des archives retrouvées à San Antonio, en l'année 1780, qu'on aurait commencé à y ramasser de l'or.

Les principaux se trouvent situés près de *Santa Cruz;* mais tous les ruisseaux ou torrents de cette contrée, sans exception, charrient un peu d'or en poudre fine.

En quelques endroits privilégiés, ce précieux métal est assez abondant pour être l'objet d'un travail spécial, comme au *Rosario,* et sur le ruisseau de *Tule.*

La plupart du temps, au contraire, faute de moyens mécaniques suffisants pour se débarrasser des eaux qui recouvrent les sables aurifères, on est forcé de renoncer à exploiter ceux-ci.

Il y a une mine d'or en pleine activité, sur une colline qui sépare les deux vallées de *Tule* et de *Gallinas,* à *San Rafael.*

L'or natif s'y montre disséminé dans une gangue de quartz et de carbonate de chaux, à côté de pyrites de fer et de cuivre. Le filon aurifère, qu'on n'a encore suivi que jusqu'à 20 vares (17 mètres à peu près) de profondeur, est très-productif, paraît-il, quoiqu'il n'ait guère que $0^{m},40$ à $0^{m},50$ de puissance.

Nous savons enfin qu'on y a exploité une mine de mercure à *Sancheña.*

RÉSUMÉ.

En terminant ici ce travail, qu'il n'a pas dépendu de nous d'offrir plus tôt à l'Académie, et que nous la prions d'accueillir comme une nouvelle preuve de notre désir constant de rester, par la pensée, en communication avec elle, toutes les fois que notre service nous en tient éloigné, nous ne nous dissimulons pas dans quelles conditions difficiles nous nous sommes volontairement placé.

Bien incomplète et tout à fait insuffisante, sans nul doute, pour les personnes qui cultivent les sciences, la géologie, la métallurgie, cette étude très-abrégée des mines du Mexique ne paraîtra-t-elle pas trop longue, trop détaillée, trop chargée de chiffres et de mots techniques au plus grand nombre de nos auditeurs?

Serons-nous assez heureux pour nous faire pardonner par ceux qui s'occupent spécialement de statistique ou de travaux de mines, de nous être risqué à faire une incursion profane sur un terrain réservé? Quelques-uns de nos camarades de l'armée ne nous feront-ils pas peut-être le reproche de nous être laissé entraîner un seul instant en dehors du cercle de nos travaux habituels?...

Et puis, lorsqu'il semble être de mode de ne parler qu'avec un suprême dédain de cette intéressante contrée d'outre-mer, et d'applaudir presque à l'impossibilité où la vieille Europe s'est fatalement trouvée de tendre la main à cette enfant faible et nonchalante, pour l'aider à faire quelques pas en avant dans la voie de la civilisation, du progrès et de la vraie liberté, n'a-t-il pas à craindre d'être accueilli par un sourire d'incrédulité, pour ne pas dire plus, l'écrivain obscur qui ose essayer de mettre en lumière les avantages qu'aurait procurés, sans aucun doute, aux peuples de l'ancien monde, cette transfusion des richesses qu'il était, par suite, d'un si puissant intérêt de préparer?

Mais n'anticipons pas, et n'oublions pas surtout que nous ne connaissons encore qu'à moitié, à peine [1], les trésors et les ressources commerciales du Mexique, puisque nous n'avons pas dit un seul mot de son Agriculture.

Ne perdons pas de vue que nos conclusions ne devront être considérées, pour le moment, que comme des prémisses.

En parcourant ces quelques pages, on a dû se faire une idée à peu près exacte des quantités incalculables d'or et d'argent que le Mexique a produites jusqu'à ce jour.

On a pu reconnaître d'ailleurs en quelle abondance s'y trouvent aussi les métaux utiles, le fer, le cuivre, le plomb, l'étain, le zinc, et constater avec quelle bienveillante prévoyance la nature a placé tout auprès de ces innombrables dépôts métallifères, toutes les diverses substances qu'il est nécessaire d'employer pour le traitement de leurs minerais [2].

[1] Les travaux statistiques de M. Lerdo de Tejeda, que nous avons déjà eu à citer tout au début de ce travail (Note de la page 3), portent à 750 ou 760 millions de piastres la valeur des biens fonciers de la nation mexicaine en 1855, ce qui fait 3 milliards 900 millions de francs à peu près.

En admettant que les terres n'y rapportent que 3 pour cent en moyenne, dans l'état actuel des choses, ce seraient au moins 120 millions qu'elles donneraient chaque année, sensiblement plus, par conséquent, que toutes les mines ensemble. (Page 23.)

Ajoutons enfin qu'on est bien éloigné d'exploiter, au Mexique, toutes les parties du sol qui pourraient y être mises en culture, et que presque partout une bonne moitié des terres arables reste, en outre, habituellement en jachère.

[2] Le mercure excepté, peut-être, si l'on en juge du moins par le peu d'importance relative des mines de ce métal dont on a commencé l'exploitation au Mexique même, jusqu'à présent.

Il n'y a donc ni optimisme ni exagération à proclamer que tout est encore à faire dans ce pays lointain. On n'y a mis en exploitation qu'une bien faible partie des gisements métallifères qui y existent; et ceux-là même dont on a cessé d'extraire des minerais, à une époque plus ou moins reculée, ne pourront manquer de revivre, presque sans exception, dans l'avenir, avec le secours et par l'application des procédés nouveaux de la science moderne, et surtout dès que l'ordre, solidement établi au Mexique, y aura amené à sa suite la liberté du commerce.

L'état déplorable d'abandon dans lequel se trouvent en effet la plupart de ses mines tient essentiellement aux mesures fiscales qui grèvent aujourd'hui de droits exorbitants la production et l'exportation des métaux précieux, et plus particulièrement, selon nous, à l'obligation imposée aux mineurs de transformer leurs métaux en numéraire.

Que diraient, en effet, nos économistes s'il pouvait jamais être question d'exiger de nos maîtres de forges, par exemple, de n'envoyer leurs fers à l'étranger que sous forme de pelles ou de pioches?

Nous ne voulons pas dire que le mercure manque absolument au Mexique, comme on l'a bien inexactement affirmé du haut de la tribune parlementaire. Nous avons, au contraire, signalé en divers endroits (pages **72**, **94**, **96**, **98**, **101**, **102**, **126**, **145**, **147**, **152**), l'existence de gisements considérables de minerais de mercure dans plusieurs départements. Nous pourrions citer, de plus, telle famille très-opulente de Mexico, dont l'immense fortune provient, de notoriété publique, des mines de cinabre qu'elle possédait à Mazatlan, de la richesse desquelles on a cherché à donner une idée en disant « qu'elles fournissaient un jet continu de mercure de la grosseur du doigt. »

Nul doute qu'on ne parvienne, avec le temps, à tirer parti de cette autre source de richesses, encore improductive aujourd'hui, comme tant d'autres. Mais en attendant la Californie est, comme nous l'avons vu, en mesure de fournir, et de bien près, à tous les besoins de la métallurgie des métaux précieux.

Le jour où le gouvernement aura réussi à réformer les abus qui détournent de leur destination régulière une part si considérable des revenus de l'État; le jour où tous les ports des deux Océans seront ouverts, sans entraves ni gaspillages, à des transactions commerciales avec le monde entier; où, par suite de l'accroissement de la richesse publique, une loi bienfaisante pourra permettre enfin la libre exportation en lingots de l'or et de l'argent, ce jour-là, que nous appelons de tous nos vœux, pour notre compte, le Mexique commencera à jouir d'une immense et durable prospérité.

Metz. — Imp. F. Blanc.

www.ingramcontent.com/pod-product-compliance
Ingram Content Group UK Ltd.
Pitfield, Milton Keynes, MK11 3LW, UK
UKHW020604180726
13838UKWH00001B/416

9 782329 339634